라이프스타일러 양은숙의
흥미진진 열두 달

계
절
소
풍

조선앤북 여성조선

오늘이
가장 젊은 날,
—

생이
떨리는 날

일 년 전 이맘때였어요. 저를 기다렸던 듯 조금 긴 여행에서 돌아온 다음 날 잰걸음으로 에디터가 찾아왔습니다. 그와는 〈들살림월령가〉를 출간했을 때 인터뷰어와 인터뷰이로 만난 사이였어요. 그녀는 출산휴가를 마치고 회사에 막 복귀를 한 참이었는데, 방등골에서 꾸려가는 들살림에 풍류가 가미된 사계절 스타일링 북을 만들어보자 하였습니다. 늘 하던 일이니 어려울 리 없고 신이 났지요. 무엇을 어떻게 더 재미나게 놀아볼까 궁리를 하다 보니 힘이 들어가더군요. 첫 달은 그렇게 의욕이 앞서 과도한 에너지를 쓰게 되었어요. 장기전인데 이대로 괜찮을까 슬쩍 염려가 일더군요.

그다음 달에 죽단화로 크리스마스 리스를 만들면서 이 프로젝트의 흐름과 가닥이 잡혔어요. 꽃! 꽃이 물꼬였지요. 꽃을 보고 만지면 얼마나 많은 기쁨과 생활의 활기가 생기는지 말로는 표현할 수 없습니다. 때에 맞춰 피는 꽃들이 풍류의 매개가 되어주었어요. 눈을 내리뜨고 무언가를 만지작거리는 모습이 일면 조신해 보이기도 할 거예요. 그러나 보이는 것이 다는 아니랍니다. 제 안에는 거칠거칠하기가 어지간한 총각도 살고 뻔뻔하고 주책없는 육덕진 아줌마도 살고 있거든요. 주로 깍쟁이 아가씨와 굴러가는 말똥만 봐도 배를 잡고 뒹군다는 중학 소녀가 빙의된 것이니 그에 깜빡 속지는 마세요.

연년생 동생이 생기면서 취학 전까지 친가에 맡겨졌었어요. 집안의 첫 손주여서 할머니, 할아버지, 고모, 삼촌의 가없는 사랑을 담뿍 받고 자랐지요. 혼이 난 기억이 단 한 번도 없으니까요. 집 앞 개울이 꽁꽁 얼어붙은 겨울날, 빨랫방망이로 얼음을 깨고 마실 오신 할머니 친구분들의 고무신을 지푸라기로 뽀득뽀득 닦아서 토방에 널어놓던 대여섯 살배기의 언 손을 기억해요. 착하다는 칭찬과 이쁨 받으려는 본능이 일으킨 자발적 노동 증후군이었죠. 가족들이 눈치를 주기는커녕 금쪽같이 아껴주셨는데도 군식구 취급을 받는 게 싫어서 물색 있게 굴고 싶었을까요. 부모 품을 떠난 어린아이의 애달픈 처세술이었을까요. 그때 향유하지 못한 치기를 지금에야 부립니다. 꽃과 풀과 볕과 바람에게요.

철 그거 무겁고 힘든 것을 왜 드느냐고 실없는 농담을 합니다만, 하루 참는다고 행복이 우르르 올 것 같진 않으니 이 순간 철없이 철에 들어보는 거예요. 다행히도 작은 기쁨을 누리는 능력이 제게 있어 돈이 들지 않는 행복 세뇌 쿠폰을 가열하게 발행하고 있습니다. 의도적인 몰입은 의도적으로 불을 붙여야 하기 때문에 더욱 풀가동하게 되었고, 내가 어디에 집중하고 무엇에 흥분하는지도 더 명확하게 보였어요.

일 년간 피고 지고 무섭도록 정확한 자연의 흐름 속에서 맛이 나고 멋이 나고 흥이 났습니다. 그 와중에 입에 올리기도 끔찍한 두어 번의 사고를 당하였고, 감나무 가지에 달린 감을 따다가 어깨가 상하여 수술을 받아야 했던 곤혹스러운 날들도 있었어요. 세상에 어떻게 좋을 때만 있고 인생에 어찌 나쁠 때만 있겠어요. 가다 보면 돌부리에 차이고 가끔 천둥 번개를 만날 수도 있지요. 고통의 시간들이 더 크고 아프게 새겨지는 것 같지만 가만 더듬어보면 절정의 시간들이 훨씬 많았으니 호기롭게 퉁을 치렵니다.

이 책은 찬찬한 과정 컷으로 이해를 돕는 요리책은 아닙니다. 제가 사는 곳에서 나는 것, 제가 지금 기른 것을 먹고 이해하는 이야기입니다. 식재료를 안다는 것은 마치 사람을 만나 직업과 고향을 아는 것과 같아요. 먹는 것보단 만들기를 더 즐기고, 만들기보단 재료에 집중하는 재미가 더 좋아요. 당연히 만들어낸 음식들은 놀라운 감동과 짜릿함을 안겨주었습니다. 물론 제가 아는 맛만 맛있다고는 할 수 없겠지요. 음식은 만드는 사람마다 맛이 다르듯 먹는 것도 사람마다 감동이 다르니까요.

단순하면서 명징한 자연의 순환 속에 어쩌다 제가 들어와서 예상하지 못한 선물을 계절 안에서 넘치도록 누리고 있습니다. 들판의 먹거리가 사촌 집보다 낫다며, 내 것이 아닌 것을 내 것인 양 들녘을 소염진통제 삼아 먹고 마시고 있으니까요. 냉정히 보면 저는 자연을 상대로 한 약탈자예요. 그 누명을 기꺼이 쓸 용의가 있고요. 그러니 부러운 사람보다 고마운 사람으로 살아내야 하는 까닭입니다.

시골은 허술하고 어수룩해야 하고, 도시보다 시골이 더 낫다고 혹은 도시가 시골보다 더 낫다고 이분법적으로 말할 수는 없습니다. 각자 살고 싶은 데서 예쁘게, 행복하게 사는 것이 소중하니까요. 저 역시 현재로선 시골살이를 지속할 것이며 철부지 총량이 남아 있는 한, 철 안에서 철없이 들녘을 쏘다닐 거예요. 혹여 어느 들판에서 물색없이 팔딱거리는 여인이 보이거들랑 틀림없이 저일 터이니 그 여자 아직 철 안 들었구나 하며 혀를 끌끌 차셔도 괜찮아요.

작은 바람이라면, 속도전에 지친 이들에게 시곗바늘을 잠시 멈추고 느린 시간에 마음을 담가보는 즐거움을 선물할 수 있다면 이미 그것을 즐긴 저로서는 더없이 기쁠 것입니다.

한 달에 두 번씩 오가면서 제게 밥 수고를 끼치지 않으려는 속 깊은 배려를 보여주고, 이 책을 스타일리스트라는 직업인으로서 진즉에 가졌어야 한다며 기탄없이 신명을 펼치도록 무한한 신뢰와 지지의 멍석을 깔아준 에디터 강부연 씨에게 감사 인사를 드립니다. 까다롭고 예민한 저를 참아내 준 것까지도요.

2016년 사발꽃 그득히 부푸는 오월,
양은숙

CONTENTS

CONTENTS

십일월 단풍을 읽는 시간

에필로그

십이월 한 해가 지나가는 어름

일
월

함박눈 낭만

겨울 숲 회동

복사뼈가 빠질 만큼 눈이 내린 다음 날 전나무 숲
으로 들어가 보았어요. 전나무 나뭇가지에 눈이
걸터앉는 바람에 숲이 얕게 쌓였군요. 지난여름
해먹을 걸고 더위를 피하던 숲입니다. 겨울 숲에
선 아늑함과 포근함마저 감도네요. 같은 공간인
데도 계절마다 감흥이 이토록 다르답니다. 이 호
젓한 숲에 친구들을 초대했어요. 화롯불에 고구
마와 가래떡을 은근하게 굽습니다. 가공을 거치
지 않은 본래 맛이라서 어떤 차도 무리 없이 어우
러져요. 고구마와 가래떡이 구워지며 풍기는 달
달하고 고소한 냄새가 숲을 장악합니다. 냄새에
이끌린 고라니와 청설모가 주위를 기웃거리다가
사람 눈을 피해 경사진 숲 언덕으로 몸을 피해버
리는군요. 이들은 저와 눈 맞춤을 자주 하는 이 숲
의 터줏대감입니다.

설빙고에 묻은 식혜

흐벅지게 내린 눈이 쌓인 데크는 천연 설빙고가 따로 없습니다. 눈 속에 식혜를 묻었어요. 순백의 눈은 그것만으로도 떨림과 설렘을 주어서 마음이 먼저 생글거립니다. 얼음 동동 식혜는 겨울 진미이자 진리이기도 하고요. 단지 눈 속에 파묻었을 뿐인데 김치냉장고에서 얼린 식혜에는 없는 낭만이 추가되었습니다. 살얼음을 깨뜨려 한 사발 호르륵 마셨더니 얹힌 속이 후련해집니다.

기본 재료   엿기름 500g, 갓 지은 밥 3공기, 설탕 3컵, 물 6 *l*

만드는 법   **1** 엿기름을 베주머니에 담고 1 *l* 의 물을 부어 주물주물
주무른다. 엿기름 우려낸 물은 다른 그릇에
따라둔다. 같은 방법을 두 번 더 반복한다.

2 엿기름 녹말이 가라앉는 동안 밥솥에 쌀을 안쳐
평소보다 밥물을 적게 잡아 밥을 짓는다.

3 밥이 지어지면 그 위에 엿기름 윗물을 가만히 붓고 주걱으로
밥알을 저어 풀어준다. 보온 스위치를 눌러 4시간 후에
밥알이 10알 정도 떠오르면 꺼낸다.

4 솥에 물 3 *l* 와 설탕을 넣고 팔팔 끓으면 ③을 부어 10분간
더 끓인다. 식혜가 식으면 보관용기에 담아 차게 둔다.

기침 뚝 도라지배찜

지독한 고뿔에 걸려 연신 올라오는 기침을 뱉어내느라 가슴팍이 쪼
개질 듯 아파지던 어느 겨울이었어요. 항생제도 내성이 생겨 효험이
신통치 않은 터라 민간요법으로 전해진 꿀 채운 배를 보온밥솥에 넣
어 밤새 쪘지요. 다음 날 일어나자마자 공복에 배꿀물을 떠먹고는
거짓처럼 기침이 잦아드는 경험을 했어요. 그때부터 배꿀찜의 사소
하지만 강한 힘을 신뢰하게 되었답니다. 이후로 간질간질 기침 기미
가 보이려 들 때면 배 한 통을 쪄냅니다. 그러면 조용히 물리치게 되
더라고요. 성가신 손님인지라 초장에 얼른 대접해 보내려는 발 빠른
전략인 거지요.

기본 재료   배 1개, 도라지 30g, 대추 · 은행 3개씩, 꿀 3큰술

만드는 법   1 배는 윗부분을 자른 다음 가장자리 2㎝ 두께를 남기고
　　　　　　　　숟가락으로 돌려가며 속을 판다.
　　　　　　 2 도라지는 껍질을 벗겨 동글동글 썰고 대추와 은행도 준비한다.
　　　　　　 3 ①에 파낸 배와 도라지, 대추, 은행을 넣고 꿀을 채운 뒤
　　　　　　　　자른 배 뚜껑을 덮는다.
　　　　　　 4 찜솥에 ③을 얹어 1시간 동안 찐다.
　　　　　　 5 무르게 쪄낸 배찜 속의 꿀물을 뜨거울 때 떠먹는다.

빛깔만큼 고운 맛 낙엽차

낙엽차를 마시자 했더니 '낙엽으로 차를 끓인다고?' 하며 모두 의아해하였지요. 블루베리 나무의 붉은 단풍에 취한 지 두 해째인데요, 그 단풍을 말려 차를 우릴 수 있다는 소문이 들려 몇 잎 훑던 참에 마당과 숲의 단풍을 그러모아 함께 말려두었어요. 굴참나무 잎부터 벚나무, 산딸기, 단풍나무, 청미래 덩굴, 조팝나무, 밤나무에 이르기까지 꽃이나 열매를 먹을 수 있는 나무들의 잎이어서 독성은 크게 염려하지 않습니다.

낙엽차를 마셔본 친구들의 반응이 제각각이에요. 어떤 이는 캐머마일 향이 난다고도 하고, 어떤 이는 무엇인지 모르겠지만 여하간 맛이 좋다고도 합니다. 제 입맛엔 밤 껍질 삶은 냄새가 나기도 하고 쑥 냄새가 은은하게 감돌기도 해요. 쑥은 한 잎도 넣지 않았는데 말예요. 파랑에 빨강을 더하면 보라색을 얻는 것처럼 전혀 다른 맛입니다. 그럴 만도 하지요. 낙엽 면면마다 지닌 빛깔과 향기가 미묘하게 다를 테니까요. 그러니 '어떤 맛!'이라고 똑 떨어지는 답을 할 수 없음이 낙엽차의 특징입니다.

작은 잎사귀에 비, 번개, 바람, 햇살의 기운이 녹아깃든 낙엽차에는 세상 만물의 이치가 흐르는 것 같습니다. 깊고 뜨거운 낙엽차 한잔으로 마음에 진 응어리가 풀어지고요.

달큼함이 가득 고인 대파스테이크

스페인에서는 대파를 구워 먹는 칼솟축제가 열려요. 두툼하게 엮인 대파단을 수북이 쌓아두고 기다란 석쇠 위에 대파를 줄줄이 엎어서 구워내는 광경이 몹시 이채로웠어요. 대파를 직화에 검게 그을려 겉껍질을 홀딱 벗기면 매운맛은 날아가고 부드럽고 달큼한 속살을 드러냅니다. 새송이버섯도 함께 곁들였어요. 버섯을 찢거나 썰지 않고 통째로 굽는 조리법이 핵심인데요, 버섯의 육즙이 고여 놀랍게도 제대로 익힌 고기의 질감이 나지 뭐예요. 구운 대파는 체면을 불사하고 높이 치켜들고 한꺼번에 입 속에 넣어야 제 맛이긴 합니다만 쓱싹쓱싹 나이프로 썰어 먹자니 스테이크 기분이 나는군요.

기본 재료   대파 8대, 새송이버섯 4개

드레싱 재료   다진 딜 2큰술, 엑스트라 올리브오일 1½큰술,

                레몬즙 ½큰술, 간장 1작은술

만드는 법   1 대파는 가스불에 올려 겉이 까매지도록 태운 다음

                  겉껍질을 벗긴다.

             2 새송이버섯은 밑동을 잘라내고 달군 그릴팬에 굽는다.

             3 분량의 재료를 섞어 드레싱을 만든다.

             4 접시에 구운 대파와 새송이버섯을 담고 드레싱을 곁들인다.

돼지감자 장아찌를 얹은 초밥

들녘에 무리로 핀 노란 꽃이나 감상하던 돼지감자가 시절을 만나 몸
값이 제법입니다. 그동안 몰라봐서 미안한 작물이지요. 유럽에서는
세계대전 때 구황식품이었대요. 정작 전쟁을 겪은 세대는 지금에 와
서는 괄시를 하지만 그곳에서도 새롭게 각광 받는 재료예요. 저는
주로 주전부리처럼 생으로나 집어 먹었는데 올해에는 다양한 조리
를 시도해보았습니다. 우선 장물을 부어 장아찌를 익혀보았는데요,
아삭한 식감이 경쾌해요. 유감없이 발휘되는 돼지감자의 진면목입
니다.

기본 재료 돼지감자 1 kg, 간장 · 설탕 $1\frac{1}{2}$컵씩, 식초 1컵, 소주 $\frac{1}{2}$컵
초밥 재료 밥 2공기, 다시마 $10\times10\,cm$ 1장, 식초 · 설탕 3큰술씩, 소금 1큰술

만드는 법 **1** 돼지감자는 껍질에 묻은 흙을 솔로 문질러 씻은 다음
      물기를 없앤다.
     2 장아찌를 담을 유리 밀폐용기는 팔팔 끓여 식혀둔다.
     3 용기에 돼지감자를 담고 간장, 설탕, 식초,
      소주를 섞어 만든 장물을 붓는다.
     4 냉장고나 찬 곳에 두고 보름 정도 숙성시킨 후 먹는다.
     5 불린 쌀에 다시마를 넣고 고슬고슬하게 밥을 짓는다.
     6 식초, 설탕, 소금을 배합한 초를 끓인 다음 갓 지은 밥에
      부어 식혀가며 섞는다.
     7 한입 크기로 밥을 뭉쳐 얇게 썬 돼지감자 장아찌를 얹는다.

조용히 뜨거운 매생이생떡국

매생이는 겉으로 봐선 시치미를 떼고 덤덤해 보여서 방심하고 덥석 삼켰다간 입천장이 벗겨지기 십상이에요. 오죽하면 미운 사위에게 먹인다는 우스갯말이 돌겠어요.

생반죽을 썰어서 끓인 떡국은 지방의 향토음식입니다. 가래떡을 뽑아 굳힌 다음에 썰어야 하는 번거로움에서 벗어날 조리 방법이지요. 녹진녹진한 생떡국에 이가 쑥쑥 빠지고 허방을 딛는 것처럼 흐물흐물 넘어가버리는 매생이를 삼키면 뱃속이 아리도록 뜨거워요. 개맛이 밴 겨울의 맛입니다.

기본 재료   매생이 500g, 굴 100g, 소금 1작은술,
                  찹쌀가루 · 멥쌀가루 200g씩, 뜨거운 물 4큰술

육수 재료   국물용 멸치 20마리, 다시마 10×10cm 1장, 멸치액젓 2큰술,
                  생수 5컵

만드는 법

1 매생이는 체에 담아 흐르는 물에 헹구고 굴은 소금물에 담아 살랑살랑 헹구면서 굴 껍데기가 붙었는지 가려낸다.

2 찹쌀가루와 멥쌀가루를 섞고 뜨거운 물을 넣어 반죽을 치댄다.

3 냄비에 물을 붓고 멸치와 다시마를 넣고 끓으면 다시마는 건져내고 멸치는 10분간 더 끓인 다음 건더기를 건진다.

4 ②의 반죽을 길게 주물러 칼로 썬다. 떡의 모양은 그대로 넣어 끓이거나 납작하게 빚거나 완자를 빚거나 취향대로 한다.

5 ③의 맛국물에 떡을 먼저 넣어 끓이고 떡이 동동 떠오르면 굴을 넣어 끓이다가 그다음에 매생이를 넣고 포르르 끓인 다음 액젓으로 간을 맞추고 불을 끈다.

이
월

아날로그 겨울유희

방등골에 펼친 먹자골목

추운 날엔 모락모락 수증기를 피우며 뜨겁게 속을 데워주는 음식
이 마땅해요. 나뭇가지들을 그러모아 모닥불을 피우고 유부주머니
속을 채워 냄비를 올립니다. 제가 살던 부산의 남포동에는 '먹자골
목'으로 불리는 노점 거리가 있어요. 고구마튀김, 번데기는 기본이
고 비빔당면, 충무김밥, 단팥죽 등 길거리 음식이 즐비합니다. 거기
에 유부주머니도 인기음식이죠. 어묵집에서는 어묵꼬치 말고도 물
떡이라는 이름으로 가래떡을 꼬치에 꿰어 먹기도 한답니다. 저는 그
부들부들한 물떡 식감이 좋아서 즐겨요.

먹자골목을 가본 지가 30년이 되어버렸네요. 세월이 흘렀듯 그곳의
음식들도 다양하게 진화하고 있을 테지요. 유부주머니는 이미 먹자
골목의 장수음식이며 고전이 되었습니다. 오늘 방등골 마당에 왁자
한 웃음이 끓어 번지는 '먹자골목' 한 대목을 옮겨 오고 싶었어요.

바람 맵고 햇볕 따사롭던 한겨울의 유희

"밥 이모!"라며 마당에서부터 외치고 들어오는 아이들이 있어요. 인근에서 그릇을 빚는 도예가의 아이들인데 학교 들어가기 전부터 보아오던 아이들입니다. 방학 중이라 놀러 와주었어요. 혀 짧은 발음으로 입을 열기 시작할 때는 귀여움을 견딜 수 없어서 연하고 앳된 팔뚝을 슬쩍 깨물었답니다. 저는 기분이 좋거나 예쁘면 깨무는 버릇이 있거든요. 지금은 내 키보다도 훤칠하게 자라버린 소년들이에요. 형아 소년은 그 무섭다는 중2가 되는 친구인데요. 어른들의 자리에도 마다치 않고 따르는 바르고 듬직한 소년이지요. 동기간의 우애는 말할 것도 없는 형제예요.

오랜만의 방문에 팽이치기를 제안합니다. 운동량이 적은 겨울에 전신놀이로 그만이잖아요.

간벌한 나무 더미에서 고른 나무로 팽이채를 만들어 나갔습니다. 마침 부면장님 댁 논에 맞춘 듯 언 빙판이 보이네요. 팽이치기는 처음이라 서툴렀으나 몇 번 시행착오를 거치더니 이내 점점 손이 붙더군요. "아이고, 쉽지 않은데요. 허리도 아프네요." 능청이 챔피언급인 아우 소년이 입을 엽니다. 그 너스레에 함께 간 어른들이 와르르 웃었어요. 그럴 만해요. 스마트폰의 게임에 집중하던 잔근육을 모조리 불러 사용해야 했을 테니까요. 어른에게는 추억으로, 아이들에게는 눈과 손, 팔의 협응력으로 응답한 팽이치기입니다.

언 속이 녹는 유부주머니 전골

유부에 당면을 채워 빵빵한 유부주머니는 생긴 모양과 같이 푸짐하고 복이 가득 담긴 것처럼 특별해지는 음식이에요. 유부주머니가 끓으면서 진해진 국물도 언 속을 녹이기엔 그만이고요.

기본 재료　유부 12장, 불린 당면 150g, 가래떡 10㎝ 8개, 양파 ½개,
　　　　　당근 50g, 미나리 12줄기, 쑥갓 30g, 간장 2큰술,
　　　　　참기름 1큰술, 설탕 1작은술, 식용유 약간

맛국물 재료　다시마 15㎝, 멸치 40g, 토막 무 70g, 물 8컵

맛국물양념 재료　간장 2큰술, 맛술 · 청주 1큰술씩, 소금 ½작은술

만드는 법　1 유부의 한쪽 가장자리를 잘라내고 밀대로 밀어
　　　　　　유부 입을 벌린다.

　　　　　2 ①의 유부는 끓는 물에 3분간 삶아 기름기와 불순물을
　　　　　　제거한 뒤 건져내 한김 식혀 물기를 꼭 짜 둔다.

　　　　　3 양파와 당근은 채 썰고, 당면은 삶아 건져 두고 미나리는
　　　　　　데친다. 가래떡은 꼬치에 꿴다.

　　　　　4 달군 팬에 식용유를 두르고 양파와 당근을 볶는다.
　　　　　　양파가 투명하게 익으면 당면과 간장, 설탕을 넣고 볶다가
　　　　　　마지막으로 참기름을 넣어 버무린다.

　　　　　5 ④의 잡채가 식으면 유부주머니에 넣어 속을 채우고
　　　　　　데친 미나리로 묶는다.

　　　　　6 냄비에 물을 붓고 다시마와 멸치, 무를 넣고 뚜껑을 열어
　　　　　　끓이다가 맛국물이 우러나면 건더기를 건져낸 다음
　　　　　　맛국물양념으로 간한다.

　　　　　7 ⑥에 유부와 꼬치에 꿴 가래떡을 돌려 담고 끓여서
　　　　　　마지막에 쑥갓을 얹어 낸다.

물만 먹고 크는 시루 콩나물

김장 김치도 물리고 가을에 갈무리한 채소들을 겨우내 먹다 보니 생생한 채소가 생각나는 2월입니다. 2월은 봄을 앞두고 있어서인지 음식도 생활도 지루한 감이 있어요. 그만큼 생생한 것이 간절해서 메주콩을 불려 콩나물을 길러보았어요. 시장에서 한 봉지 사 먹으면 간단할 테지만 비할 수 없는 가치가 있기도 해서예요.

겨울방학이면 서울에서 내려오시던 외할머니는 콩나물을 기르셨어요. 무엇에든 정성을 기울이시던 외할머니는 콩나물 역시 지극히 돌보셨지요. 조석으로 물을 갈아주고 시루 밑으로 졸졸졸 떨어지는 낙수 소리를 들을 때는 오줌이 마렵기도 했어요. 콩이 파랗게 변하는 것을 막기 위해 검은 천을 덮어주었는데 그때 할머니의 손가락에 걸린 가락지의 반짝거림이 기억납니다. 지루한 입맛에 변화를 주기 위해 기른 콩나물이 재미와 추억을 회상케 해주었네요.

외할머니의 콩나물을 기억해내어 '잘 자라라, 잘 자라라!' 경건한 기도를 보내며 물을 주었어요. 콩나물의 관건은 물주기가 처음이자 끝입니다. 콩나물의 뿌리를 내리고 줄기를 밀어 올리는 데 필요하기도 하거니와 콩알이 뿜어내는 발아열을 식히기 위한 의식이기도 하지요. 일주일에서 열흘 정도 물 주기에 전력하면 한 줌씩 뽑아 먹을 수 있는데 이때부터 콩나물이 화수분처럼 올라옵니다. 얼마나 오진 소비인지요.

간편한 한 끼 콩나물밥

콩나물이 시루 가득 들어서 무엇부터 해 먹어야 할지 고민을 길게 하지는 않습니다. 콩나물 무침, 콩나물국은 누구도 뭐라 할 수 없는 국민 반찬인데요, 밥에 얹어 지은 콩나물밥도 있잖아요. 콩나물밥은 반찬이 마땅찮거나 입맛이 까슬까슬할 때 내미는 히든카드입니다. 별스럽게 어려울 것도 없고 양념장만 맛있게 만들면 한 그릇 식사, 한 끼의 식사가 완성되니까요.

기본 재료　쌀 3컵, 콩나물 200g, 다진 소고기 200g
양념장 재료　간장 4큰술, 쪽파 2큰술, 고춧가루 · 통깨 · 참기름 1큰술씩,
　　　　　　　생강청 1작은술

만드는 법
1 쌀은 두세 번 씻어 30분간 불린다. 콩나물은 가볍게 씻고
　콩깍지는 가려낸다.
2 밥솥에 쌀을 안치고 밥물은 평소보다 조금 적게 잡는다.
　쌀 위에 다진 소고기와 콩나물을 얹어 밥을 짓는다.
3 분량의 재료를 섞어 양념장을 만든다.
4 밥이 지어지면 거섶을 골고루 섞어 넓은 그릇에 담고
　양념장을 곁들인다.

부풀어서 부각 튀겨서 튀각

부각과 튀각은 비슷한 말이어서 혼동하기 쉬워요.
찹쌀풀을 발라 말린 것을 부각이라 하고, 아무런
가공을 하지 않고 재료 자체를 말려서 튀긴 것을
튀각이라 해요. 다시마를 튀겨 설탕을 솔솔 뿌려
먹던 그것이 튀각의 오랜 대표이고, 끝물 고추에
찹쌀풀을 발라 말린 것이 부각의 대표주자예요.
파사삭! 가을에 갈무리해둔 부각과 튀각은 밥반찬
으로도, 주전부리로도 좋아 입안이 즐거운 소란으
로 가득합니다.

돼지감자 튀각

기본 재료

돼지감자 400g, 소금 약간,
식용유 적당량

만드는 법

1 돼지감자는 껍질을 벗겨
  강판에 얇게 썬다.
2 끓는 물에 소금을 약간 넣고
  ①의 감자를 넣어 데친 다음
  건져서 물기를 빼고 채반에
  펼쳐 말린다.
3 160℃로 예열한 식용유에 감자를
  넣고 투명한 감자가 하얗게 부풀면
  채로 건져 기름을 뺀 뒤 감자가
  뜨거울 때 소금을 뿌린다.

돼지감자 튀각   고추 부각

고추 부각

기본 재료

고추 500g, 부침가루 100g,
찹쌀가루 50g, 식용유 적당량

만드는 법

1 고추는 튀겼을 때 기름이 튀지 않도록
  반으로 갈라 물에 헹군다.
2 부침가루와 찹쌀가루를 섞어 ①의 고추에
  묻힌 다음 김이 오른 찜통의 찜기에 넓게
  펼쳐 넣은 뒤 뚜껑을 덮고 찐다.
3 ②의 고추는 너무 무르게 찌면 형태가 허물어지므로
  통통한 상태에서 젓가락으로 살짝 찔렀을 때
  쏙 들어갈 정도로 찐다.
4 쪄낸 고추는 다시 마른 가루를 입힌 다음 낱낱이
  펼쳐서 넌다. 채반에 널면 서로 붙지 않고
  포실포실 마른다.
5 170℃로 예열한 식용유에 고추 부각을 넣어
  3초 정도 넣었다가 빼서 기름을 제거한다.

당근잎 부각

기본 재료

당근 잎 80g, 통들깨 2큰술,
식용유 적당량

찹쌀풀 재료

찹쌀 ⅓컵, 물 2컵, 소금 ½작은술

만드는 법

1 당근 잎은 연한 잎을 골라 씻어둔다.
2 찹쌀풀을 쑤어 소금으로 간을
  맞추고 식힌다.
3 식은 찹쌀풀을 당근 잎에 바르고
  통들깨를 뿌려 말린다.
4 160℃로 예열한 식용유에
  ③을 담갔다가 찹쌀풀이 하얗게
  부풀어 오름과 동시에 재빨리 건져
  기름기를 뺀다.

당근잎 부각

달걀그물에 싼 닭 안심 가지볶음

주사위 모양으로 썰어 말린 가지는 겨우내 덮밥에 요긴하였고 이번엔 모양
을 좀 내서 담아보기로 했어요. 달걀을 풀어 지단을 부치는 건 똑같은데 손
을 빠르게 움직여 격자무늬를 내준다는 점이 달라요. 달걀물이 묻지 않은
데에는 네모난 구멍이 생겨서 노란 그물이 만들어지죠. 같은 재료로 조리
방법만 약간 달리했을 뿐인데 신기한 결과를 얻습니다. 부엌이 즐거운 순
간이에요. 가지는 다 좋은데 말린 가지를 물에 불리는 과정에서 고운 보랏
빛이 사라지고 거무스름해져서 식감이 좋아 보이지는 않잖아요. 볼품없어
보이는 가지음식에 달걀 그물은 날개가 되어줍니다.

기본 재료 닭 안심 100g, 말린 가지 30g, 저민 마늘 2쪽, 쪽파 3줄기, 달걀 2개,
석류알 2큰술, 액젓 1큰술, 후춧가루 · 소금 약간씩, 식용유 적당량

만드는 법
1 닭 안심은 주사위 모양으로 썰고, 마늘은 저미고 쪽파는
  송송 썰어 둔다.
2 말린 가지는 미지근한 물에 부들부들하게 불려서 물기를 짜 둔다.
3 달걀은 깨뜨려 알끈을 건진 뒤 소금을 약간 넣고 풀어서
  체에 거른 다음 작은 구멍이 뚫린 용기에 담는다.
4 은근히 달군 팬에 기름을 약간만 두르고 종이타월로 닦아낸다.
  ③의 달걀물을 가지고 팬에 가로세로로 얇고 가늘게 줄을 긋는다.
  지단 가장자리가 얇게 일어나면 꼬챙이로 끝을 살짝 들어 한 번에
  뒤집는다. 뒤집은 면은 불기운만 닿게 한 후 꺼내서 식힌다.
5 달군 팬에 기름을 두르고 마늘을 먼저 볶아 향을 낸 후 가지와
  닭 안심을 넣고 볶는다. 닭 안심이 뽀얗게 익으면 액젓과
  후춧가루로 간하고 불을 끈다. 여열이 있을 때 쪽파와
  석류알을 넣고 뒤적뒤적 섞어준다.
6 도마 위에 ④의 달걀 그물을 올린 다음 ⑤의 재료를 가운데 얹고
  계란 그물을 오므려 싸서 접시에 담는다.

삼
월

들썩이는 봄

오밀조밀 봄을 접수하다

밀씨를 뿌렸어요. 초록 갈증이 나서 견딜 수가 있어야 말이지요. 3월이라 해도 아직 꽃이나 초록 잎을 구경하려면 아직 멀어서예요. 방등골은 봄이 더딘 곳이거든요. 춘삼월이 되었는데도 마당엔 아직 잔설이 녹지 않을 정도이니까요. 하루 세 번 정성껏 '물 모이'를 주었습니다. 과연 싹이 틀까 의구심과 궁금증을 동시에 품었는데 사나흘부터 꼬물꼬물 실낱같던 하얀 싹이 트지 뭔가요. 아침이 다르고 저녁이 다를 만큼 시시각각 뿜어내는 생명력에 감탄이 나옵니다. 물모이를 준 지 일주일 만에 여린 연둣빛 밀싹이 당당히 면모를 갖추었어요. 알갱이 한 알에 불과하던 밀알이 이루어낸 경이예요.

밀싹에 손가락을 대고 초르르 훑으면 카드섹션처럼 드러누웠다 일어나는 초록물결과 손끝에 닿는 보드라운 감촉은 황홀경입니다. 거슬거슬 옆으로 난 싹을 뜯어 먹어보았어요. 뭐라 할 수 없는 싱그러운 풀 향기가 입안 가득 번져요. 봄! 이라고 간단히 평정해주는 초록입니다. 눈이 절로 벌어지는 초록이고요.

질시루에 앉힌 밀싹

밀싹은 씨앗이 담기는 용기의 형태에 따라 동그랗기도 길쭉하기도 나지막해지기도 합니다. 베어서 먹는 것이 밀싹의 최종적 소비 과정이지만 초록밀싹이 한마디씩 자라는 모습을 지켜보는 일은 얼마나 즐거운 관람인지요. 검회색 질시루와 초록밀싹의 조합이 그럴 수 없이 상큼합니다.

기본 재료

통밀 · 유기농 배양토 1kg씩, 물 압축분무기

재배법

1 통밀은 물에 담가 10시간 정도 불린다.

2 질시루의 바닥을 종이타월로 덮고 원예용 배양토를 편편하게 깔아준다.

3 불린 통밀을 상토 위에 흙이 묻지 않도록 고르게 펼치고 씨앗의 수분이 마르지 않도록 하루 세 차례 분무기로 가만가만 물을 뿌린다. 싹이 트기 전까지는 뚜껑을 덮어준다.

4 뿌리가 골고루 나오고 싹이 1cm 정도 트면 뚜껑을 제거하고 은은한 빛이 나는 곳에 둔다.

5 싹이 9cm 정도 올라오면 엽록소가 많아지도록 직사광선을 받게 한다. 색이 진할수록 영양소는 높아지고 성장속도는 늦어진다.

6 싹이 13~15cm 정도 자랐을 때 가위나 칼로 한 번에 잘라내고 씻지 않은 상태로 비닐 팩에 넣어 냉장보관 하면 1주일 정도 저장이 가능하다.

싹싹한 밀싹주스

밀싹에 사과와 콜라비를 섞어 갈았습니다. 다른 채소와 과일을 섞었는데도 초록 빛깔은 독보적으로 자리를 지킵니다. 초록 즙이 몸의 돌기에 퍼지자 제 몸이 순하고 착해질 것만 같아요. 밀싹즙은 강력한 해독작용을 한다는 소문이 있어요. 들여다보나 마나 독소가 포진했을 제 몸에는 복음과 같은 음료예요. 그저 초록을 만끽하고 싶어서 밀싹을 틔웠는데, 이모저모 끓이고 굽고 즙을 내고 보니 어디 하나 밥상의 주인공 아닌 게 없습니다.

기본 재료
밀싹 400g, 사과 2개, 콜라비 1개, 식초 1작은술, 물 1 l

만드는 법
1 볼에 물과 식초를 섞고 밀싹을 담가 헹군다.
2 사과와 콜라비는 씻어 껍질째 손가락 굵기로 썬다.
3 착즙기에 밀싹과 썰어둔 사과, 콜라비를 넣어 즙을 낸다.

이윽고 봄 밀싹머핀

밀싹이 풍년이라 머핀도 구워봅니다. 밀싹을 갈아
내린 초록물을 반죽에 섞으면 맑금한 연둣빛에 반
하게 되고 오븐의 열기에 툭툭 터져 환한 연두빛
속살이 드러나면 '이윽고 새봄!'이라고 귀엣말을
속삭이는 것 같습니다.

기본 재료

버터 100g, 설탕 ¾컵, 실온에 둔 달걀 2개, 밀가루 2컵,
고운 소금 ¼작은술, 베이킹파우더 3작은술,
우유 · 밀싹즙 ½컵씩, 토핑용 설탕과 계핏가루 약간씩

만드는 법

1 실온에 녹인 버터에 설탕을 넣어 젓는다.
2 달걀을 풀어 ①에 넣고 섞는다.
3 밀가루와 소금, 베이킹파우더를 체에 내린 다음 ②에
　넣고 우유와 밀싹즙을 세 번에 나누어 넣고 섞는다.
4 머핀 틀에 반죽을 ⅔ 정도 채우고 그 위에 설탕과
　계핏가루를 솔솔 뿌린다.
5 200℃로 예열한 오븐에 넣어 20분간 굽는다.

병아리 빛 물들임 치잣밥

사탕처럼 달콤한 향기가 나는 치자 꽃을 혼절하도록 좋아합니다. 그 꽃자리에 맺힌 치자 열매는 물을 들이는 쓰임으로 으뜸이지요. 옷감 염색을 하거나 튀김과 전을 부칠 때 색을 내기 위해서 주로 사용되었어요. 치잣물로 밥을 지으면 샛노란 밥 빛깔에 기분이 산뜻해지고 소화를 도와서 속이 편안해져요. 치자를 우린 물을 마시면 바글바글 끓는 마음도 잔잔해지고요. 이 간질간질한 계절과도 조화롭게 어울리는 봄의 밥입니다.

기본 재료   불린 쌀 · 물 2컵씩, 치자 1개

만드는 법   <u>1</u> 쌀은 두어 번 씻어 물에 1시간 불린다.

                 <u>2</u> 치자를 으깬 다음 물에 불려서 색이 우러나면 체에 거른다.

                 <u>3</u> 밥솥에 불린 쌀과 우린 치잣물을 부어 뒤적뒤적 섞는다.
                    취사 버튼을 눌러 밥을 짓는다.

뭐라 해도 봄 냉이비빔국수

냉이는 봄을 알리는 나물이에요. 달콤한 흙내가 나는 나물이지요.
겨우내 얼어 죽지 않으려고 바짝 엎드려 얻은 향입니다. 냉이가 올
라오면 된장국이나 나물은 말할 것도 없고, 삶은 국수에 냉이와 함
께 비벼 먹기도 빠뜨릴 수 없어요. 사각거리는 사과를 착착착 채를
썰어 데친 냉이와 함께 비빈 국수는 담박하면서도 냉이의 향기가 흔
들리지 않는 어른스러운 맛이 담겨요.

기본 재료 국수 200g, 냉이 50g, 사과 ½개, 간장 · 깨소금 2큰술씩,
참기름 1큰술

만드는 법 1 냉이는 깨끗이 다듬어 끓는 물에 데쳐 먹기 좋은 크기로
썰고, 사과는 씻어 껍질째 곱게 채 썬다.
2 냄비에 물을 넉넉히 넣고 팔팔 끓으면 국수를 넣고 삶는다.
삶은 국수는 찬물에 박박 문질러 여러 번 헹군다.
3 볼에 국수와 냉이, 사과를 담고 간장으로 먼저 버무려 간을
맞추고 참기름과 깨소금을 넣어 다시 한 번 버무려 낸다.

이만큼 팔을 뻗는 봄 동백설기

동백은 나무에서 한 번 땅에서 한 번, 두 번 핀다죠. 통꽃이 툭 떨어져 붉은 융단처럼 깔린 동백에는 비장미가 있습니다. 동백꽃을 사랑하는 까닭이에요. 동백꽃의 꽁무니에 고인 꿀을 빨아먹는 재미는 어린 날의 달콤한 유희였어요. 나이가 들어서는 동백꽃에 구체적으로 접근합니다. 청을 담거나 꽃차로 우려서 붉디붉은 동백의 치명적인 아름다움을 지속해보려는 시도예요. 동백꽃을 우린 물로 떡을 찌고 설탕을 입힌 동백 꽃잎이 살포시 올라앉으면 수줍은 처녀의 홍조 띤 볼 빛을 닮습니다.

기본 재료　　멥쌀가루 600g, 동백꽃청 8큰술, 동백꽃 2송이,
　　　　　　　달걀흰자 1개 분량, 설탕 2큰술

식촛물 재료　식초 ½작은술, 물 1컵

만드는 법　　1 동백 꽃잎의 수술은 떼어내고 식촛물에 담갔다 건진다.
　　　　　　　　　꽃송이에 잘 푼 달걀흰자를 묻힌 다음 설탕을 가볍게
　　　　　　　　　입혀 말린다.

　　　　　　　2 멥쌀가루에 동백꽃청을 넣고 비벼서 섞은 다음 가루를
　　　　　　　　　손에 꼭꼭 뭉쳐 쥔 뒤 위로 세 번을 던져서 부서지지 않으면
　　　　　　　　　체에 내린다. 만약에 가루가 부서지면 물을 보충하여
　　　　　　　　　수분을 더한다.

　　　　　　　3 찜기에 한지나 면보를 깔고 물을 뿌려 적신 다음 체에
　　　　　　　　　내린 가루를 안친 후 찜솥에 찜기를 올리고 25분간 찐 뒤
　　　　　　　　　불을 끄고 5분간 뜸을 들인다.

　　　　　　　4 한김 식힌 떡을 접시에 담고 ①의 슈거플라워로 장식한다.

분홍 눈웃음이 만발한 진달래 숲

진달래가 피었다는 소식을 듣고 지리산 자락을 찾아갔습니다. 두어
발 늦된 방등골의 진달래 소식은 하마 멀고 갑갑증이 나서 말예요. 미
세먼지를 뚫고서라도 마중을 나가줘야 더 가까이 봄이 와줄 것만 같
아서죠. 짐작은 하였지만 진달래가 보란 듯이 피어 보내오는 분홍 눈
웃음에 심장이 왈랑거립니다. 매해 보는 진달래인데도 태어나 처음
처럼 새롭고 반갑지 뭐예요. 꽃 좋고 분홍 좋으면 늙은 거라는데 부정
하지 않을래요. 나이를 가진다는 건 부끄러워할 것도 아니고 두려워
할 일도 아니니까요. 꽃 짧은 봄이 부서질까 내는 조바심마저도 이 흥
나고 오진 꽃자리에선 무소용이군요. 네, 지금은 꽃입니다.

사
월

들녘 프러포즈

들녘의 선물 봄 들판 샌드위치

진달래와 일껏 맞장구를 치고 내려오다가 감나무 아래에 보자기를 펼칩니다. 방등골은 여태 기미 없는 원추리가 다복이 당도해 있네요. 신맛 너머의 감칠맛이 나는 싱아와 상큼한 돌나물, 꽃다지를 곁들인 오픈샌드위치는 은밀히 즐기는 봄 간식이에요. 봄 들녘이 허락한 선물이지요. 나풀거리는 진달래 꽃잎을 살포시 더하자니 들판 한 삽을 뚝 떠다 담은 것 같습니다.

기본 재료 싱아 40g, 돌나물 30g, 꽃다지 20g, 진달래 16송이, 새송이버섯 2개,
요구르트 2큰술, 씨겨자 · 꿀 1큰술씩, 식빵 4장,
발사믹크림 · 그라나파다노치즈 적당량씩

만드는 법 1 싱아와 돌나물, 꽃다지는 세심히 다듬어 씻은 다음 물기를 없애고
진달래는 꽃술을 빼내어 가볍게 헹군다.

2 버섯은 밑동을 자른 다음 0.3*cm* 두께로 썬다.

3 요구르트에 씨겨자와 꿀을 섞어둔다.

4 기름을 두르지 않은 팬을 은근히 달구어 버섯을 앞뒤로 굽고
식빵도 굽는다.

5 구운 식빵에 씨겨자 스프레드를 바르고 버섯, 싱아, 돌나물, 꽃다지를
올린다. 발사믹크림을 뿌리고 치즈를 갈아 얹는다. 마지막에
진달래를 올린다.

꽃 좋은 날 꽃마실 가는 길

이 산 저 산, 이 마을 저 마을 눈 가는 데마다 꽃 대궐이네요. 생에 맞이하는 꽃 같은 시절은 얼마나 될 것이며 화들화들 피어나는 봄은 몇 번이나 더 맞게 될까요. 꽃 절정에 환희와 회한이 동시에 밀려듭니다. 그러나 지난 봄, 오지 않은 봄에 연연하지는 않을래요. 지금 발 아래 봄을 탐하는 것만으로도 이미 벅차고 충분하니까요. 그러면 되는 거지요. 꽃 좋은 날, 꽃 좋아하는 친구에게 가는 길입니다. 크래프트 종이봉투의 옆면을 자르고 앵초 화분을 조르르 담아 들고 가는 발걸음이 꽃보다 더 산뜻하고 환해져서 앞장섭니다. 바야흐로 꽃 좋은 시절이에요.

털털한 쑥버무리

마당에 뽀얗게 돋아난 쑥이 깨끗하고 보드랍기 그지없습니다. 콩가
루 설렁설렁 묻혀 끓인 쑥국으로 이미 쑥 신고는 치렀고요. 쌀가루
에 쑥을 털털 입혀 쑥털털이를 찝니다. 털털 털어 찐 떡이니만큼 모
양도 울퉁불퉁해서 손으로 떼어 먹어야 제격인 수더분한 떡입니다.
먹을 것이 다양해진 요즘 젊은이나 아이들 입맛에는 그다지 관심을
끌지 않을 거예요. 건넛댁 어르신은 봄이면 쑥버무리를 한 번은 먹
어주어야 한다며 봄 통과의례 음식이래요. 어른들로선 입 다실 것이
귀하던 때의 배고픔과 추억이 새겨져서일 거예요. 어르신 댁에 쑥버
무리 한 접시 들고 건너가야겠어요.

기본 재료　어린 쑥 200g, 멥쌀가루 600g, 설탕 3큰술, 소금 1작은술

만드는 법
1 쑥은 다듬은 뒤 깨끗이 씻어 물기를 뺀다.
2 멥쌀은 하룻밤 불려 소금을 넣고 곱게 빻는다.
3 쌀가루에 설탕을 골고루 섞은 다음 쑥을 넣어 가루와
　털털 털듯이 뒤적뒤적 섞는다.
4 김이 오른 찜기에 젖은 보를 깔고 쑥을 섞은 쌀가루를 가볍게
　안친 뒤 25분간 찌고 불을 끄고 5분간 뜸을 들인다.
5 한김 나간 떡을 한 덩이씩 떼어 접시에 담는다.

봄 주전부리 김장 쑥개떡

이른 봄의 쑥은 약쑥이라 세 번만 먹으면 한 해 병치레를 하지 않는 다 해요. 눈만 돌리면 지천으로 나온 쑥을 캘 수 있고 조금만 부지런 을 내면 금세 한 소쿠리를 얻는 흔하고도 소중한 재료라서 해마다 쑥개떡을 빚습니다. 빚은 떡을 켜켜로 저장을 해두는 규모이니 김장 에 버금가는 행사랍니다. 수제비 반죽처럼 볼품없이 늘려 찐 떡이라 서 개떡이라는 이름을 얻었는지 모르겠지만 향기로운 쑥 향과 쫀득 거리는 식감은 놓칠 수 없어요. 묵은 쌀을 처리하기에도 좋은 핑계 가 됩니다. 반죽을 정성껏 치대는 게 관건이죠. 국화꽃 모양의 떡살 로 반죽에 무늬를 찍어 내면 '보기 좋은 떡이 먹기 좋다'는 속담이 쑥 개떡을 두고 한 말 같습니다. 한꺼번에 만들어서 냉동고에 얼려두었 다가 입이 심심하거나 이웃집에 빈손으로 가기 민망할 때 한 소쿠리 쪄 내면 한동안 믿음 가는 주전부리입니다.

기본 재료 쑥 150g, 멥쌀가루 1kg, 소금(반죽용) ½작은술,
설탕물(설탕 2큰술, 물 12큰술), 소금 ½작은술, 참기름 약간

만드는 법 1 멥쌀은 박박 문질러 맑은 물이 나오도록 헹구고 하룻밤
　　　　　　　불린 다음 체에 밭쳐 물기를 뺀 뒤 소금을 넣어 곱게 빻는다.
　　　　　　2 다듬은 쑥은 끓는 물에 데치고 물기를 짠다.
　　　　　　3 쌀가루와 데친 쑥을 골고루 섞은 뒤 분쇄기에 곱게 간다.
　　　　　　4 냄비에 물과 설탕을 넣고 끓여 설탕물을 만든 다음 떡가루에
　　　　　　　부어 익반죽을 한다. 충분히 치댈수록 찰기가 생긴다.
　　　　　　5 국화꽃 모양의 떡살에 기름을 바르고 탁구공 크기로 뗀
　　　　　　　반죽에 꾹 눌러 떡 모양을 찍는다.
　　　　　　6 김이 충분히 오른 찜통에 젖은 보를 깔고 떡이 겹치지 않게
　　　　　　　얹은 뒤 40분간 찐다. 참기름과 소금을 섞어 쑥개떡에
　　　　　　　발라 간과 윤기를 준다.

참 지당한 이름 쑥스콘

갑자기 찾아온다는 지인의 연락을 받고 간편한 대접을 궁리하다가 떠올랐어요. 마당
으로 걸어 나가 앉은 자리에서 쑥 한 소쿠리를 캐고는 밀가루와 섞어 대충 뭉치듯 주
물러 구운 빵입니다. 스콘은 빵 굽는 솜씨를 까다롭게 요구하지 않아서 부담이 없어
요. 촉촉한 식감과 은은한 쑥 향이 코를 간질이네요. 집 안 가득 아로마로 번진 빵 구운
냄새는 행복한 덤이고요.

기본 재료 쑥 100g, 박력분(중력, 통밀, 우리밀, 쌀가루 모두 가능) 450g,
베이킹파우더 11g, 버터 55g, 우유 260㎖, 설탕 55g, 소금 3g,
덧칠용 우유 · 덧밀가루 약간씩

만드는 법 **1** 쑥은 다듬어 씻은 뒤 물기를 없앤다.
2 밀가루와 베이킹파우더를 체에 친 후 차가운 버터를 밀가루 속에 넣고
콩알만 한 크기로 부순다.
3 ②에 설탕과 소금, 차가운 우유를 넣고 대충 섞은 다음 쑥을 넣어 울퉁불퉁 뭉쳐서
랩에 싼 뒤 냉장고에 30분~1시간 둔다.
4 도마에 덧밀가루를 뿌리고 반죽을 2~3㎝ 두께로 밀어 칼로 자르거나
쿠키틀로 찍어낸다.
5 ④에 덧칠용 우유를 솔로 바르고 190℃로 예열한 오븐에 25분간 굽는다.

봄이 한 그릇 들나물 멍게 비빔밥

지인에게서 두어 삽 얻어다 심은 달래가 해마다 식구를 불려 까슬까슬한 봄 입맛을 북돋웁니다. 달래 줄기가 땅 위로 올라오기 전에 흙을 들추어 보면 은빛이 나는 뽀얀 달래 움이 사랑스러워요. 돌나물은 이미 지천이에요. 강렬한 향기는 없지만 물기를 가득 머금어 싱그러운 나물입니다. 오돌토돌 꽃처럼 피어나는 멍게 철도 돌아왔어요. 어린 날 이상하게 봄만 되면 미열이 끓고 몸살이 나곤 하였는데, 그럴 때면 어머니께서 자갈치시장에서 멍게를 사다가 먹이셨어요. 물컹거리고 쓰기만 하여 이맛살을 찌푸리는 제게 상기한 냄새(제 어머니는 '상기하다'라는 표현을 쓰셨는데 상큼하다, 향긋하다, 싱그럽다라는 뜻으로 이해해요.)와 쌉쌀한 맛이 입맛을 돌려줄 것이라며 한사코 권하셨지만 결국 저는 '이상한 맛'이라고 못을 박았지요. 그 후로 언제부터인가 달큼 쌉쌀한 멍게의 맛을 스르르 알아버렸어요. 멍게의 단맛과 '상기한' 냄새가 입안에서 종일토록 감도는 치명적인 매력까지도요. 이토록 특별한 멍게의 맛을 알아차리지 못한 어린 날이 바보스럽기는 하여도 생의 쓴맛과 단맛을 겪지 않은 아이가 성큼 알아낼 맛은 아니었다고 저의 미맹을 역성듭니다. 멍게 비빔밥은 초간장이나 묽은 된장양념과 비비면 심심한 맛 속에 감칠맛이 깃들어서 개운해요. 들녘과 바다를 불러 모은 비빔밥입니다.

기본 재료 　　　달래 · 돌나물 40g씩, 멍게 8마리, 밥 4공기, 검은깨 약간

달래간장양념 재료 다진 달래 4큰술, 간장 3큰술, 참기름 · 깨소금 1큰술씩,
　　　　　　　　　　설탕 1작은술, 물 1½큰술

만드는 법

1 달래와 돌나물은 씻어서 물기를 빼고 달래는 4cm 길이로 썰어둔다.

2 멍게는 뿔처럼 생긴 두 개의 돌기 부분을 잘라주고 이때 나오는 물은 따로 담아둔다. 자른 멍게를 왼손으로 잡고 오른손으로 껍질과 알맹이 사이에 손가락을 넣고 한 바퀴 돌려주면 알맹이가 쏙 빠진다.

3 멍게를 집어 내장과 뻘을 제거하고 멍게에서 나온 물에 씻어준 다음 먹기 좋은 크기로 썬다. 달래간장양념을 만들어 둔다.

4 그릇에 밥을 담은 다음 달래와 돌나물, 멍게를 올린 뒤 검은깨를 뿌리고 양념장을 곁들인다.

참나물 마요네즈를 끼얹은 삼치구이

뒤꼍에 참나물 밭이 있습니다. 한 줌 뿌린 참나물 씨가 해마다 영역을 넓혀 밭의 꼴을 갖추었어요. 빽빽하게 돋아나는 참나물은 겉절이나 나물로도 물론이거니와 쌈채로 소비하고도 남아돌아 여러 궁리를 합니다. 참나물 페스토를 갈아 파스타를 버무려도 보고 빵에 발라 향긋한 스프레드로도 즐겨요. 이번엔 달걀과 오일을 넣어 마요네즈를 만들어보았어요. 시판 마요네즈의 느끼함을 대신하는 향긋하고 부드러운 크림입니다.

기본 재료 참나물 80g, 물 2큰술, 삼치 1마리, 달걀노른자 3개,
소금 · 후춧가루 · 레몬즙(식초 대체 가능) 약간씩,
카놀라유 100㎖, 식용유 적당량

만드는 법
1 믹서에 참나물과 물을 넣고 간다.
2 ①에 실온에 둔 달걀노른자와 소금, 후춧가루를 넣고 간다.
3 ②에 카놀라유를 조금씩 나누어서 넣고 농도를 보아가며
가감한다. 기름을 한꺼번에 넣으면 분리된다.
4 마지막으로 레몬즙을 넣고 섞는다.
5 달구어진 팬에 기름을 두르고 삼치를 앞뒤로 노릇하게 굽는다.
6 접시에 구운 삼치를 담고 마요네즈를 곁들인다.

봄날 오후의 꽃달임 개나리 제비꽃전

개나리가 집 둘레에 간드러지고 깔깔거리는 제비꽃의 웃음소리가 도처
에 내려앉았습니다. 이 앙증스러운 꽃잎을 한데 모아서 코를 대면 은은
한 난 향이 난답니다. 자세히 살피지 않았더라면 지나칠 뻔한 향기예요.
보랏빛 제비꽃은 진달래뿐 아니라 개나리와도 어울리고 독자적으로도
제 몫을 밝히는 꽃입니다. 작아도 강력한 꽃이지요. 찹쌀가루 반죽에 봄
의 꽃을 얹어 지진 화전은 늘 맛있고 늘 멋있습니다. 봄 지나며 꽃전 한
장은 부쳐야 온전한 봄이지요.

기본 재료   찹쌀가루 400g, 뜨거운 물 4큰술, 개나리 · 제비꽃 ·
식용유 적당량씩, 슈거파우더(꿀) 1작은술

만드는 법
1 찹쌀가루에 뜨거운 물을 넣어 익반죽하여 치대어 둔다.
2 개나리와 제비꽃의 꽃술을 떼어내고 가볍게 씻어 물기를 턴다.
3 은근하게 달군 팬에 식용유를 두르고 반죽을 넓적하게 빚어
   올려 익힌다.
4 반죽 윗면이 말개지면 뒤집어 잠시 더 익힌 다음 도마 위로 꺼내
   한김 식힌다.
5 뜨거운 기운이 가신 찹쌀전 위에 꽃잎을 붙이고 한입 크기로
   썰어 접시에 담은 뒤 슈거파우더를 뿌린다.

오
월

따숩고 애틋한 밥자리

둘러앉은 밥상

5월입니다. 어린이날, 어버이날, 부부의 날… 기념할 일이 많은 달이기도 합니다. 가족이라 해도 한자리에 모이기가 점점 어려워지는데 가족끼리 밥 나눌 구실이 마땅한 달이기도 하지요. 요란할 것까지는 아니어도 다정하고 소박한 밥상을 차려봅니다. 집 주위엔 무수한 봄나물이 지천이어서 눈을 조금만 크게 뜨고 보면 바코드 없는 '자연마트'예요. 쑥쑥 올라오는 쑥을 필두로 냉이, 달래, 꽃다지, 소리쟁이, 망초 등을 금세 바구니 가득 캡니다. 척박한 마당이지만 봄이 되면 우리 마당이 굉장한 권력자로 등극하는 순간이에요. 그 권력에 한껏 휘둘리는 저는 그저 실없는 사람처럼 헤실헤실 웃습니다.

영혼의 음료 목련꽃차

목련꽃차는 이제는 지인의 성화 때문에라도 멈출 수 없는 봄 의식이
되었어요. 목련은 꽃봉오리가 피기 직전의 것을 따야 온전한 향을
느낄 수 있답니다. 꼭 다문 꽃봉오리 안에 머금은 향을 놓치지 않기
위해서이지요. 공해가 없는 청정지의 목련꽃이어야 함은 물론입니
다. 목련은 채취 후 직사광선을 피해 그늘에서 충분히 말려야 해요.
겹겹이 둘러싼 꽃송이에 수분이 남아 있으면 곰팡이가 슬거든요. 찻
주전자에 말린 목련 한 송이를 넣고 한김 식힌 물을 부어 우리면 유
자 빛깔에 눈이 반하고 우아한 향기에 영혼이 감미로워집니다.

테이블 위의 봄꽃놀이

소나무 아래 제비꽃이 무리지어 피었기에 한 움큼 뽑아 쥐니 사랑스
럽기 그지없습니다. 나지막한 볼에 쥔 채로 담았을 뿐인데 이토록
근사해서 제법 괜찮은 플로리스트가 된 것 같은 착각에 빠지게도 합
니다. 살구꽃, 개나리를 한 가지씩 꺾어 작은 병에 꽂거나 물에 동동
띄우니 밥상 위가 봄빛으로 가득하군요. 이보다 더 소박하고 다정할
수가 있을까요. 그럴듯한 식당에서 멋지게 플레이팅된 밥상도 기쁘
겠지만 철 든 것들을 데려와 차린 철 든 밥상에서 나눌 얘기는 얼마
나 소소하고 따뜻하게 피어날까요.

들판 모둠 봄나물 잡채

당면을 삶고 재료를 썰고 볶는 다소 번거로운 잡채가 아닌 담박한
봄나물을 준비해봅니다. 주변을 대충 돌아봐도 금세 바구니가 가득
차서 부자가 부럽지 않아요.
풋풋한 봄나물을 두런두런 둘러모아 들기름에 놀놀하게 지진 두부
를 더하고 꼬숩게 갈아 넣은 참깨, 간장양념을 가볍게 뿌린 봄나물
잡채에 입안은 이미 대단한걸요.

기본 재료　　　쑥 · 냉이 · 돌나물 · 달래 · 민들레 · 꽃다지 ½줌씩,
　　　　　　　　참느타리버섯 50g, 두부 ½모, 들기름 1큰술
참깨드레싱 재료　참깨 2큰술, 간장 · 참기름 1큰술씩, 설탕 · 레몬즙 1작은술씩

만드는 법　　　1 봄나물은 깨끗이 다듬어 살랑살랑 씻어 건진다.
　　　　　　　　2 참느타리버섯은 먹기 좋은 크기로 손질해 둔다.
　　　　　　　　3 두부는 손가락 길이로 썰어 들기름을 두른 팬에
　　　　　　　　　노릇하게 앞뒤로 굽는다.
　　　　　　　　4 분량의 참깨를 빻은 뒤 분량의 재료를 섞어
　　　　　　　　　참깨드레싱을 만든다.
　　　　　　　　5 접시에 나물과 버섯, 두부를 가지런히 담고 참깨드레싱을
　　　　　　　　　가볍게 뿌려 낸다.

송알송알 딸기조림과 팬케이크

작약 꽃이 피어난 아래의 돌틈에 딸기가 열렸어요. 보물찾기 시즌이 열린 것이죠. 온통 초록 잎으로 덮여서 뭐가 있을까 싶은데, 잎사귀를 젖히면 푸릇푸릇한 풋딸기와 반들반들 윤기를 내며 익어가는 딸기가 올망졸망 달려 있어요. 딸기와 잎이 품은 초록과 빨강의 솔직한 배색 좀 보세요. 이 또렷하고 정직한 색감에 눈이 아릴 지경이에요. 사나흘을 따지 않고 그대로 두었더니 한 양푼 정도를 거두게 되어 송알송알 딸기의 모양을 살려 조려보았어요.

기본 재료   딸기 1kg, 설탕 500g, 라임 1개

팬케이크 반죽 재료   박력분 100g, 설탕 30g, 소금 1g, 베이킹파우더 5g, 달걀 1개, 우유 100ml, 바닐라오일 2~3방울, 기름 약간

만드는 법

1. 딸기는 꼭지를 떼고 씻어서 물기를 빼고 라임은 즙을 낸다. 손질한 딸기와 설탕, 라임즙을 넣어 버무린 다음 잠시 둔다.

2. 냄비에 물과 유리병을 담아 펄펄 끓인 후 식힌다.

3. ①의 딸기에 수분이 생기면 강불에서 끓인다. 부글부글 끓어오르면 중불로 줄이고 거품은 걷어낸다. 딸기의 과즙이 시럽처럼 걸쭉해질 때 불을 끈다.

4. 소독하여 물기를 말린 유리병에 조린 딸기를 담는다.

5. 볼에 달걀을 푼 다음 우유와 바닐라오일을 섞고 체 친 밀가루와 베이킹파우더, 설탕, 소금을 섞는다. 반죽을 체에 거른다.

6. 팬을 약불에 달구어 기름을 한 방울 떨어뜨리고 종이타월로 닦아낸다. 반죽을 한 국자 떠서 팬의 가운데에 살며시 떠 올린다. 반죽이 저절로 번지도록 그대로 둔다.

7. 기포가 보글보글 올라오고 가장자리부터 가운데까지 반죽이 투명해지면 뒤집어서 30초간 익힌다.

8. 구운 팬케이크를 접시에 담고 딸기조림을 곁들인다.

치앙콩의 추억 꽃밥 정식

덕안찬이라는 콩꽃을 우렸어요. 지난달 여행지에서 접하고는 몇 송이를 말려서 가져온 꽃이에요. 생꽃잎을 우렸을 때의 강렬한 빛깔은 얻을 수 없지만 우련한 빛깔이 새로운 감흥을 일으킵니다. 데친 냉이를 가볍게 무치고 단무지를 쫑쫑 썰어 꽃물로 지은 밥 사이에 얹었어요. 바락바락 주물러 끈적거리는 진을 빼고 끓인 소루쟁이된장국은 육지의 미역이라고 할 만큼 부드러워요. 망초 꽃이 피기 전의 망초 순은 산뜻한 나물이에요. 꽃밥은 맛도 맛이지만 눈이 먼저 흥미로운 밥이지요.

기본 재료   말린 덕안찬 콩꽃(말린 맨드라미 10g) 10송이, 데친 망초 100g,
                      불린 쌀 3컵, 데친 냉이 한 줌, 라임즙 1큰술,
                      소금 · 참기름 · 깨소금 약간씩, 단무지 30g, 뜨거운 물 적당량

소리쟁이된장국 재료   소루쟁이 200g, 바지락조개 150g, 된장 1큰술,
                      맛국물 4컵(국물용 멸치 100g, 다시마 10×10cm)

망초나물양념 재료   소금 · 참기름 · 깨소금 약간씩

만드는 법   **1** 콩꽃에 뜨거운 물을 부어 색을 우려낸다. 불린 쌀에
                      콩꽃물과 소금, 라임즙을 넣어 고슬고슬하게 밥을 짓는다.

                      2 데친 냉이는 잘게 썰어 소금과 참기름, 깨소금으로 간하여
                      가볍게 버무리고 단무지는 쫑쫑 썬다. 맛국물의 재료를 넣고
                      끓인 다음 체에 밭친다.

                      3 꽃모양 틀에 ①의 밥을 펴 담고 그 위에 냉이와 단무지를
                      밥과 번갈아 켜켜로 올린 다음 틀을 빼낸다.

                      4 소루쟁이는 바락바락 주물러 풀물을 빼고 바지락은
                      해감을 해둔다.

                      5 맛국물에 된장을 풀고 ④를 넣어 끓인다.

                      6 망초는 끓는 물에 살짝 데쳐 양념에 무친다.

보드랍기가 으뜸 원추리산적

이사 오던 해에 몇 뿌리 심은 원추리는 이제 갑부가 되었어요. 무쳐 먹고 끓여 먹고 장아찌로도 그만인 원추리는 달착지근하고 매끄러운 나물이에요. 너무 맛있어서 넘나물이라는 별칭을 얻을 정도이니 오죽 맛있겠어요. 순한 연두의 빛깔과 부채 같은 모양은 마음을 잡아맵니다. 십센치 이상 자라버리면 독성이 생겨서 어린 순을 먹어야 해요. 때를 놓치지 않고 원추리를 만나고 보내게 되어 다행입니다.

기본 재료 원추리 150g, 돼지고기 목살 400g, 달걀 1개,
밀가루 · 잣가루 1큰술씩, 카놀라유 · 소금 약간씩,
꼬치 적당량

돼지고기양념 재료 간장 3큰술, 설탕 1큰술, 마늘 1작은술, 후춧가루 약간

만드는 법

1 원추리는 10cm 길이로 자란 것을 캐서 씻고 끓는 물에 데친 다음 물에 잠시 담가 독성을 뺀다.

2 도톰한 돼지고기는 방망이로 두드려 편 다음 길이로 썰어서 양념장에 무친다.

3 물에 담가둔 원추리는 꼭 짜서 돼지고기를 버무린 남은 양념에 슬슬 무친다.

4 꼬치에 원추리와 고기를 번갈아 꿰어 밀가루를 묻힌 다음 소금을 약간 넣어 푼 달걀물을 입힌다.

5 달구어진 팬에 기름을 두르고 중불로 줄인 뒤 ④를 올려 앞뒤로 뒤집어가며 타지 않도록 은근한 불에서 익힌다.

6 산적의 아랫부분을 잘라 다듬고 접시에 담아 잣가루를 뿌린다.

유
월

꽃풍년

시즌 오픈 야생 꽃놀이

꽃 좋은 시절입니다. 마당이며 들녘에 순서대로 피고 지는 꽃들이 있어 꽃시장에 가지 않고도 꽃 속에 파묻힐 수 있어요. 야생형 꽃놀이가 시작된 것이죠. 특히나 손님이 갑자기 방문하게 되었을 때 신발을 꿰어 신고 뛰쳐나가기만 하면 해결이 되니 이렇게 오달질 수가 없어요. 이달에는 저 몰래 서로들 약속이라도 한 듯 집에 찾아오는 손님이 부쩍 많네요.

꽃꽂이를 배운 적이 없어 규칙이나 공식은 당연히 몰라요. 그러니 '나 잘해요' 하고 뽐낼 수도 없으니 그냥 마음 가는 대로 즐기게 되고 그래서 오히려 흥이 납니다. 꽃을 만지고 놀 때면 꺼져가는 기운도 살아나는 마술같은 놀이입니다.

조팝꽃이 방글방글 피었네요. 가지가 유연한 편이어서 꽃병에 툭 던지듯 꽂아도 멋이 나고 둥글게 말아 모양을 잡기도 수월해요. 테이블 가운데에 센터피스로 놓아도 예쁘고, 디저트를 담아 낼 때 곁들이면 후식을 더 돋보이게 해준답니다.

6월의 크리스마스 죽단화 리스

죽단화가 곧 떠날 기미여서 리스를 엮어보았어요. 황매화라는 이름
이 더 익숙한 꽃이에요. 마침 신혼의 부부가 놀러 온다기에 그들의
결혼을 축하하고 환영할 겸 해서죠. 죽단화는 줄기가 유연하여 서로
포개고 구부려 모양을 잡기가 어렵지 않아요. 동그란 리스를 현관에
걸어두니 크리스마스를 캐럴이라도 틀어야 할 것 같습니다.

내게 주는 격려 목단부케

목단의 빛깔과 향기는 아찔할 정도로 유혹적이군요. 목단은 꽃의 얼
굴이나 향기가 워낙 독보적이어서 두어 가지 꺾어 들고만 있어도 절
로 꽃다발이 되어요. 좋아요! 오늘의 목단 부케는 제게 주어야겠어
요. 꽃은 타인에게 주어야만 한다고 법으로 정한 것도 아니잖아요.
이렇게 모아 쥐자니 부산한 몸과 마음이 절로 다소곳해지고 수줍은
새 각시가 된 기분인걸요.

자줏빛 살얼음 오디빙수

오디는 아직 초록빛 애송이여서 작년에 갈무리해둔 것을 갈아 얼렸
답니다. 바야흐로 빙수의 시대니까요. 이왕이면 맨 얼음보단 열매를
섞어 얼린 빙수가 건강함이 가미되어 입도 마음도 흡족해지지 않겠
어요.

기본 재료　　오디 150g, 물 4컵, 조린 팥 4큰술, 우유 3큰술,
　　　　　　　연유 · 과일 · 견과류 약간씩

만드는 법　　1　믹서에 오디와 물을 넣어 간 다음 얼음틀에 부어 얼린다.
　　　　　　　2　①이 얼면 곱게 갈아 빙수 그릇에 담고 우유를 뿌린 다음
　　　　　　　　　조린 팥을 올린다.
　　　　　　　3　기호에 따라 연유나 과일, 견과류 등을 올려 먹는다.

순정한 묶음꽃 비비추 부케

나도 꽃이다! 하고 소리 없이 외치는 돌단풍 꽃은 수수해서 아름답습니다. 그 바로 곁에 무성하게 자라는 비비추 잎과도 썩 잘 어울려요. 잎과 꽃을 돌아가며 섞어 묶으니 특별한 솜씨가 없어도 뚝딱 부케가 됩니다. 돌아가는 손님의 두 손에 쥐여드리면 그 어떤 답례에 지지 않는 고운 선물로 변신하게 되지요. 아, 제가 누군가의 집에 방문할 때에도 이 방법은 자주 사용하곤 해요. 이다음에 딸아이가 결혼할 때도 만들어주고 싶은 순정한 부케예요.

돌돌 감아 돼지파강회

돼지파는 마늘밭 옆에 한 고랑 심은 것인데, 쪽파와 비슷한 모습으로 자라다가 수확을 했을 때 마늘만 한 크기와 자주 양파 같은 빛깔이 신기하고 독특한 재료예요. 지단을 도톰하게 부쳐 버섯과 함께 돼지파를 두릅니다. 데친 돼지파를 찬물에 헹구며 한입 넣어보니 무슨 설탕을 발라놓은 것 같아요. 매운 추위를 강단 있게 버틴 오롯한 결과임을 알게 되었어요. 삶은 소고기 편육이나 해물을 데쳐 감아주면 더 야무진 맛이 날 터이지만 화장기 없는 담담한 맛도 좋습니다.

기본 재료   돼지파 16줄기, 달걀 4개, 파프리카 1개, 백만송이버섯 100g, 식용유 · 소금 약간씩

초장 재료   고추장 · 매실청 1큰술씩, 식초 1작은술

만드는 법
1 돼지파는 끓는 물에 소금을 넣고 머리부터 넣어 데친다.

2 달걀은 노른자와 흰자를 분리해 흰자의 알끈을 제거하고 각각 소금으로 간한 뒤 체에 내려 둔다.

3 달군 팬에 식용유를 약간 두르고 종이타월로 닦아낸 다음 ②의 노른자와 흰자로 각각 지단을 부쳐 식힌 후 골패 모양으로 썬다.

4 파프리카는 반으로 갈라 씨를 제거한 후 ③의 달걀지단 크기로 썰고, 버섯은 끓는 물에 살짝 데쳐 먹기 좋게 가닥가닥 분리해둔다.

5 모든 재료를 색스럽게 포개어 돼지파로 돌려 묶은 뒤 분량의 재료를 섞어 만든 초장을 곁들여 낸다.

풋풋한 향미 골담초 꽃 미나리물김치

논둑에 낮게 돋아난 돌미나리가 마침 눈에 띄어 한 움큼 캤습니다.
향이 그만이에요. 뒤란에는 골담초 꽃이 피었네요. 작은 버선에서
갈래머리의 소녀 같은 모양과 노랑에서 주황으로 변하는 꽃의 변주
가 흥미로워요. 달고 아삭거리는 골담초 꽃이 향기로운 미나리와 연
합하였으니 존재를 찍어 누르는 압도적인 맛을 냅니다.

기본 재료   미나리 300g, 돌나물 100g, 골담초 꽃 50g
김칫국물 재료   찹쌀풀물 6컵, 고춧가루 · 다진 마늘 · 액젓 1큰술씩,
    소금 1작은술

만드는 법   **1** 미나리와 돌나물, 골담초 꽃은 깨끗이 다듬어 씻어둔다.
    2 찹쌀풀을 묽게 쑤어 식힌 다음 면보에 고춧가루를 싸서
      풀물에 넣고 주물러 비벼 고춧가루 물을 입힌다.
    3 고춧가루 물이 든 찹쌀풀물에 마늘, 액젓, 소금으로
      양념을 한다.
    4 밀폐용기에 ①을 담고 ③을 붓는다. 반나절 정도 실온에
      두었다가 차게 보관하고, 바로 먹거나 익혀 먹는다.

칠

월

절정을 향한 열매들의 노동

신부꽃, 산딸나무 꽃이 피었습니다

올해도 산딸나무 꽃이 풍년이군요. 멀리서 보면 나풀나풀 나비가 내
려앉은 것처럼 보여요. 꽃 이름을 미처 알기 전에는 나비꽃이라고
임의로 불러주었어요. 가까이에서 자세히 들여다보면 마치 우아한
신부의 드레스 자락 같습니다. 지금은 '신부의 꽃'이라는 별칭을 부
여했고요. 가을의 붉고 둥근 열매를 보게 되면 꽃 이름의 의구심이
단박에 풀린답니다. 딸기 같은 동그랗고 빨간 열매가 귀여운 방울처
럼 열리거든요. 산딸나무 꽃 한 가지를 뚝 꺾어 와 대바구니에 담았
어요. 푸름이 가득한 마당의 뒷배를 믿고 우아함을 기탄없이 뿜어내
는군요. 지난 명절에 친정의 찬장 구석으로 밀려나 있던 밀크글라스
잔을 모두 데려왔어요. 백합이 그려진 달걀색 찻잔은 제가 고등학교
에 다닐 때부터 사용하던 그릇인지라 우리 아이들보다 훨씬 많은 나
이를 가졌네요. 마치 시집보내는 딸에게 차려주는 티타임처럼 아련
하고 애틋해지는군요.

반하고야 마는 붉은 열심

옆 마을에 작업실을 둔 친구로부터 보리수를 좀 거두어 가달라는 전 갈이 왔습니다. 앵두, 매실, 오디에 이은 붉은 열매의 호출이에요. 가 지가 늘어지게 열린 보리수나무를 보자 입이 떡 벌어집니다. 보리수 는 뽀리수, 보리뚱, 뿔뚱 등 지방마다 사람마다 불리는 이름이 다양 해요. 시고 떫고 달다랗고요. 꼭지를 떼고 끓여서 씨를 거르는 게 간 단한 일이 아니어서 다시 안 할 거라 마음먹지만 이토록 빛 고운 열 매의 유혹을 모른 척 배겨낼 재간이 있어야지요.

갈증 해결사 보리수에이드

설탕에 절여서 우려낸 보리수에이드는 생열매가 지닌 새큼 텁텁한 맛이 가려지고, 은은한 복숭아 빛깔이 감돌아 수줍은 새색시 볼처럼 사랑스럽습니다. 이에 탄산수와 레몬, 허브를 짓이겼더니 무알콜 보리수 모히토 맛이 나는군요.

기본 재료   보리수액 6큰술, 탄산수 800㎖, 얼음 적당량

보리수액 재료   보리수 1㎏, 설탕 300g

만드는 법

1 보리수는 깨끗이 씻어 바닥이 두꺼운 냄비에 담아 끓인다.

2 뭉근하게 끓인 보리수를 으깬 다음 체에 밭쳐 씨를 걸러낸다.

3 씨를 걸러낸 보리수액을 냄비에 담고 설탕을 넣어 저어가며 모두 녹을 때까지 끓인다.

4 열탕 소독한 유리병에 ③의 보리수액을 담아 차게 보관한다.

5 컵에 보리수액을 담고 탄산수를 부어 섞은 다음 얼음을 띄운다.

얼려 먹는 열매 앵두와
오디 아이스케키

앵두와 오디를 으깨어 막대얼음을 얼렸어요. 얼음과자를 널빤지 상
자에 담아 어깨에 둘러메고 "아이스케에키이~~"라고 외치던 얼음
과자 장수의 익살스러운 음률이 생각납니다. 뚜껑을 열면 그 속에 희
고 파란 색소로 물든 얼음막대과자가 드라이아이스 연기에 휩싸여
환상적이기까지 했었죠. 이젠 집에서도 아이스케키를 만들어 먹을
수 있는 도구와 냉동시설이 있으니 추억의 아이스케키를 맛보는 것
은 문제도 아니게 되었어요. 이 여름을 시원하게 접수해버린 거지요.

앵두아이스케키 재료 앵두 200g, 우유 1컵, 연유 3큰술
오디아이스케키 재료 오디 100g, 우유 1½컵, 연유·레몬즙 2큰술씩

만드는 법

1 앵두는 깨끗이 씻어 체에 으깨어 내린 다음
   우유와 연유를 섞는다.
2 오디는 블렌더에 갈아 우유와 연유, 레몬즙을 섞는다.
3 아이스몰드에 ①과 ②를 각각 부어 얼린다.

헌신한 헌 신에게 바치는 꽃

참 이상하죠. 장화를 신으면 어느 자리를 디뎌도 과감해져요. 물기가 발에 닿는 걸 싫어하는 성미인데, 비가 오거나 긴 비가 머무는 장마철에는 두말할 필요도 없고 풀섶이나 발목이 예사로 푹푹 빠지는 눈 속에서도 거침없이 진격하게 해주거든요. 장화는 질고 험하고 거친 자리를 무법자처럼 누비게 해주는 들판의 방패입니다. 굽이 달린 노란 장화는 잔꽃 무늬가 새겨져서 사랑스러워요. 마치 멋 내는 아가씨 같아서, 비가 오는 날 외부에 볼일이 있을 때 외출용으로 신고 나가는 신발이고요. 딸기가 조랑조랑 달린 초록장화는 들살림의 제1호 장화입니다. 신기하게도 이 장화만 신으면 아이의 마음처럼 팔랑팔랑 명랑해졌어요. 호기심으로 가득한 시골살이에 호위무사처럼 동행해주었지요. 찢기고 꺾이고 삭아서 이제는 은퇴를 하였고요. 감과 올리브색으로 배색된 장화는 들살림의 두 번째 수행원이었어요. 담박하고 실용적이어서 무엇이 과하고 무엇이 부족한지를 조금씩 알아가는 제 촌살이와 닮아 있었죠. 가지색 장화는 맹렬한 현역이에요. 모처럼 퇴역과 현역을 한자리에 모았습니다. 헌신한 신에게 고마움을 전하고 싶어서요. 초롱꽃과 꽈리, 인동 꽃과 낮달맞이꽃을 화동으로 앞세워 그간 치러낸 진진한 노고와 앞으로의 수고를 부탁해봅니다.

복더위를 싸고 복을 싸는
생강나무 잎 복쌈

이젠 누가 뭐라 해도 여름입니다. 차갑거나 시원한 음식을 본능적으로 찾게 될 테고요. 주변에서 거둔 열매와 채소들은 어김없이 계절의 먹거리로 우리에게 다가올 겁니다.

생강나무는 나뭇가지를 분질러보면 생강 향이 은은하게 나서 얻은 이름이래요. 물론 산수유와 흡사한 생강나무 꽃에서도 생강 냄새가 나고요. 생강나무 잎은 말할 것도 없겠지요. 고기의 쌈채소로도 먹고 가을에 노란 단풍이 들면 장아찌를 담아도 독특한 맛이 납니다.

오이와 양파, 참외, 땅콩 등을 얹어서 쌈을 싸보았어요. 복더위까지도 쌈에 오므려 잊어보려고요. 쌈 속의 재료들이 어우러져 시원하고 달콤하며 고소하고, 생강나무 잎의 향이 각각의 맛과 향기를 내치지 않고 결집시켜주네요. 흩어진 기운을 지긋이 감싸줄 것만 같은 복쌈이에요.

기본 재료　생강나무 잎 20장, 깍뚝 썬 오이 · 깍뚝 썬 참외 · 깍뚝 썬 양파 3큰술씩, 마른 새우 · 볶은 땅콩 · 다진 풋고추 2큰술씩, 꼬치 10개

쌈장 재료　된장 1큰술, 플레인 요구르트 3큰술, 올리고당 1작은술

만드는 법　1　생강나무 잎은 보드라운 잎을 골라서 딴 후 살랑살랑 씻어서 물기를 거두어 둔다.

2　준비한 채소를 모두 콩알보다 조금 큰 크기로 깍뚝 썬다.

3　분량의 재료를 섞어 쌈장을 만든다.

4　생강나무 잎 위에 ②의 채소와 마른 새우, 볶은 땅콩, 다진 풋고추를 골고루 얹고 잘 오므린 다음 잎이 벌어지지 않도록 꼬치로 꿴다.

5　쌈장은 재료 속에 넣어 먹거나 따로 찍어 먹는다.

톡 쏘아야 맛 총각무 물김치 국수

총각무 물김치가 사이다처럼 맛이 들었습니다. 국수를 말아 보라고
부추기는 것만 같지 뭐예요. 예산의 손국수 집에서 사 온 국수가 '나
는 국수다!'라고 뽐을 내볼 기회이기도 하지요. 총각무 물김치는 톡
쏘는 탄산미 때문에 부엌에서 불 쓰는 일이 호랭이보다 무서운 여름
에 국수를 말아 내기에 적격이에요. 국수만 탄력 있게 삶아 김칫국
물을 부어 내면 그만이니까요. 물김치 국물을 얼려 띄우면 맨 얼음
이 녹으면서 국물이 맹맹해지는 점도 보완이 되어서 조금 번거로워
도 보탤 만한 수고입니다.

기본 재료   국수 480g, 쑥갓 한 줌

총각무 물김치 재료   총각무 한 단, 절임 소금 두 줌, 실파 한 줌, 설탕·소금·
      멸치액젓 3큰술씩, 마늘즙 2큰술, 생강즙 1작은술

밀가루풀물 재료   물 15컵, 밀가루 ½컵

만드는 법

1 총각무는 억센 겉줄기는 떼어내고 무의 머리 부분을
   다듬은 뒤 소금을 뿌려 절인다.

2 냄비에 분량의 물을 담고 밀가루의 멍울을 푼 다음
   팔팔 끓여서 식혀 밀가루 풀물을 만든다.

3 풀물이 식을 동안 실파를 다듬어 씻은 뒤 돌돌 감아 만다.

4 총각무가 절여져 뻣뻣한 기운이 누그러졌으면 깨끗하게
   헹구고 물기를 뺀 다음 십자로 칼집을 낸다.

5 식은 풀물에 마늘즙과 생강즙, 설탕, 소금, 멸치액젓을
   넣어 간을 맞춘다.

6 김치통에 총각무와 감아둔 실파를 담고 ⑤를 부어 하루
   동안 실온에서 익힌다. 가장자리에 보글보글 거품이
   올라오면 냉장고에 넣어 이틀간 더 숙성시켜 먹는다.

7 냄비에 넉넉히 물을 붓고 펄펄 끓으면 국수를 넣어
   삶는다. 찬물에 바락바락 주물러가며 충분히 헹군 후
   사리를 지어 그릇에 담고 물김치 국물을 부은 뒤
   쑥갓을 곁들인다.

꿀물에 이는 솔향기 송화밀수

지난봄에 갈무리해둔 송홧가루를 드디어 먹어보는 날입니다. 송순에 포진한 송홧가루를 털 때 탑탑한 가루가 목과 코를 연신 막는 바람에 괜한 일을 벌였나 짧은 후회를 한 순간도 있었습니다. 하지만 이렇게 곱고 화사한 밀수 한 잔을 대하니 귀밑머리에 맺히던 땀도, 가루를 받을 때의 지루함도 싹 가시네요. 송화밀수는 이보다 더 고울 수가 있을까 싶게 내밀하고 향기롭고 호사스러운 음료입니다. 더위가 치달을 무렵에 어울리기도 하거니와 자주 접하는 음료가 아니기에 더 특별하고 귀해요.

기본 재료   송홧가루 3큰술, 꿀 4큰술, 생수 4컵, 잣 · 얼음 약간씩

만드는 법   1 볼에 생수와 꿀을 넣고 섞어 꿀물을 만든다.
2 ①에 송홧가루를 넣고 곱게 푼다.
3 ②에 잣을 띄우고 취향에 따라 얼음을 띄운다.

팔
월

호젓한 복달임

발을 담가 마음을 씻는 탁족

집 근처에 있는 태화산 계곡을 찾았습니다. 물에 발을 담그며 더위를 잊어보려고요. 비 마름이 계속되어 할머니 젖처럼 말라버렸을까 슬쩍 조바심했는데 소살소살 흘러주어 발을 담그기엔 딱 알맞네요. 먼저 여름 과일을 물에 담가둡니다. 수박은 최고의 여름 과일로 계곡에서도 빠뜨릴 수 없는 으뜸 선수죠. 커다란 수박을 통 크게 쪼개 먹는 맛도 시원스럽지만 주사위 모양으로 썰어서 준비해 가면, 먹기도 편하고 도마와 칼 등 도구를 줄여 이동이 개뿟해지는 데다 쓰레기를 남기지 않아 일석삼조예요. 갓 딴 애기 주먹만 한 복숭아도 맛이 들어서 향기롭네요. 참외와 자두 몇 알을 보태 물에 동동 띄우니 눈이 먼저 시원해지는걸요.

물속에 잠시만 발을 담가도 머리끝까지 냉기가 전해져 옵니다. 굳이 멀리 나서지 않아도, 절경의 휴양지가 아니어도 한나절 더위를 식히기에 아쉽지 않은 호젓한 복달임입니다.

불어보자 옥수수 하모니카

누리장나무 가지에 찐 옥수수를 매달았어요. 저는 앉은 자리에서 서너 자루쯤은 눈 한 번 껌뻑하는 사이에 뜯어 치우는 옥수수 귀신이에요. 물놀이를 하다가 한 자루씩 걷어 먹는 재미가 제법입니다. 갈비를 뜯듯이 혹은 하모니카를 불듯이 알갱이를 뜯는 모습이 여하간 웃음 짓게 하니까요.

복더위를 달래는 닭 완자탕

여름 계곡에 가면 닭백숙이 먹고 싶어지잖아요. 그런데 백숙은 솥단
지부터 취사도구까지 챙겨야 할 세간이 간단하지 않지요. 집에서 미
리 닭을 삶아 살을 바르고 그 살로 빚은 완자를 보온병에 담아 오니
이렇게 간편할 수 없습니다.

그릇에 덜어내기만 하면 되니 탁족이 더 여유롭고 우아해지기까지
하고요. 당귀와 뽕잎이 깊이 밴 국물만 들이켜도 더위에 지친 몸이
성해지는 것 같군요.

기본 재료　　닭 1마리, 뽕나무 줄기와 잎 100g, 당귀 10g, 마늘 10쪽,
　　　　　　　대추 8개, 오이 · 달걀 ½개씩, 소금 · 후춧가루 · 국간장 약간씩

만드는 법　　**1** 깊은 냄비에 닭, 뽕나무 줄기와 잎, 당귀, 마늘, 대추 등을
　　　　　　　　넣고 재료가 잠기도록 물을 부어 삶는다.
　　　　　　　2 닭이 무르게 익고 국물이 깊이 우러나면 닭고기는 살을 발라
　　　　　　　　잘게 다지고 닭국물의 기름은 건어낸다.
　　　　　　　3 오이는 돌려 깎아 채 썬 다음 잘게 썬다. 약간의 소금을 뿌려
　　　　　　　　절인 후 물기를 짠다.
　　　　　　　4 닭고기에 절인 오이와 달걀, 후춧가루를 넣어 고루 섞은 뒤
　　　　　　　　완자를 빚는다.
　　　　　　　5 기름을 건어낸 국물은 국간장으로 간을 맞추고 완자를 넣어
　　　　　　　　부르르 끓으면 불을 끈다.

숲에서 보내는 시간

오늘도 더위의 위용이 대단하군요. 매미가 물푸레나무의 멱살을 잡
고 고래고래 고성을 지르니 말이에요. 마당가의 전나무 숲으로 들어
가야겠어요. 밤나무, 야광나무, 초피나무, 엄나무, 둥굴레, 더덕 등이
어우러진 숲인데 팔 척 장신의 전나무는 나이로나 품새로나 단연 어
른 나무입니다. 물론 저는 이 숲과 동무를 맺은 사이고요. 어쩌다 전
나무 숲을 두고 사는 행운을 누리고 있네요. 숲이라는 단어에는 은
밀함과 고요가 들어 있으니 이처럼 소란하고 무더운 날에는 은신처
처럼 안도하게 되는 공간입니다.

마주 보는 두 전나무의 장딴지에 해먹을 겁니다. 해먹은 비록 끈에
매달려 있지만 몸을 내맡겨보면 잘 맞는 니트를 입은 것처럼 편안하
여 침대와는 다른 안정감을 주어요. 그냥 몸만 데려가서 무념에 빠
져도 좋고, 읽기를 미룬 책 한 권을 동행시켜도 좋지요. 해먹에 몸을
맡기고 한들한들 바람을 타다 보면 어느덧 귀밑에 맺힌 땀이 마르고
때로는 잠이 스르르 옵니다. 귀를 때리던 매미의 울음도 오히려 오
케스트라의 연주처럼 들리는 마법을 부리는군요. 숲이 내어주는 관
대하고 서느러운 혜택입니다.

숲속의 화원

키를 다투며 피어나는 삼잎국화와 원추리, 숲 속에 지천인 고사리
잎을 섞어 비닐 주머니에 물과 조약돌을 담아 둘러매 주었어요. 꽃
병을 번잡하게 챙기지 않아도 그럴듯하지요. 무덤덤한 노부부의 집
에 놀러온 애교 많은 손녀의 재잘거림처럼 의젓하기만 한 숲이 화사
해졌습니다.

루콜라 페스토에 버무린 초록 파스타

루콜라에 몇 가지의 재료를 더하여 갈았어요. 넘쳐나서 쫓기듯 해치워야
하는 루콜라를 먹어내기엔 페스토가 적합해서예요. 빵에 발라 먹거나 피
자, 파스타나 국수의 소스로 버무려도 별미예요.

기본 재료   파스타(푸실리) 100g, 굵은 소금 1작은술, 마늘 2쪽,
         루콜라 페스토 2큰술, 올리브오일 약간

루콜라 페스토 재료 루콜라 200g, 그라나파다노치즈 120g, 올리브오일 1⅓컵,
         잣 3큰술, 마늘 6쪽, 소금 1작은술

만드는 법   **1** 루콜라는 씻어서 물기를 거둔다.
         2 기름을 두르지 않은 팬에 잣을 넣고 약불에서
           노릇하게 굽는다.
         3 마늘은 껍질을 벗기고 치즈는 강판에 간다.
         4 블렌더로 마늘과 잣을 먼저 간 다음 루콜라와 오일,
           소금, 치즈를 더해 간다.
         5 열탕 소독한 밀폐용기에 페스토를 담아 냉장고에 보관한다.
           (단, 페스토는 만들고 일주일 내로 먹는다.)
         6 끓는 물에 소금을 넣고 푸실리를 9분간 삶아
           체에 밭쳐 물을 뺀다.
         7 올리브오일을 두른 팬에 마늘을 볶아 향을 낸 후
           루콜라 페스토와 삶은 푸실리를 넣어 버무린다.

앤초비를 넣어 별스럽게 끌리는
루콜라 샐러드

씨를 뿌려 루콜라를 키워보기는 처음이에요. 루콜라 대풍이 들어서
어떻게 먹어야 할지 즐거운 궁리에 빠졌지 뭐예요. 오며 가며 주전
부리처럼 집어 먹고 샐러드로, 전으로, 쌀국수에도 얹어 먹고 지인
과도 인심을 듬뿍 나누는 등 낭비와 사치벽이 있는 여자처럼 있는
대로 루콜라 호사를 부립니다. 마트에서 파는 건 몇 가닥 넣은 시늉
을 한 데다 비싸기까지 하고 그나마 쉽게 구해지는 재료도 아니잖아
요. 게다가 고소하고 짭짤하며 매콤한 맛과 향을 지녔으니 이 매력
넘치는 푸른 채소에 어찌 환호하지 않을 수 있겠어요.

기본 재료   루콜라 100g, 앤초비 30g, 자주 양파 ½개, 블랙 올리브 10알,
올리브오일 · 후춧가루 약간씩

만드는 법   <u>1</u> 깨끗이 씻은 루콜라는 손가락 길이로 잘라두고
앤초비는 잘게 썬다.
<u>2</u> 자주 양파는 채 썰어 물에 한 번 헹군 다음 물기를 뺀다.
<u>3</u> 블랙 올리브도 동글동글하게 편 썬다.
<u>4</u> 볼에 루콜라를 비롯한 모든 재료를 넣고 가볍게
들어 올리듯 버무린다.

보랏빛 감동 블루베리 타르트

작년에 블루베리나무를 처음 심었어요. 은방울 같은 블루베리 꽃이 필 때부터 꽃자리에 열매가 앉고 색색으로 익어가는 과정을 지켜보는 것은 참으로 두근거리는 일이었어요. 블루베리는 꽃과 열매는 물론이거니와 처연하도록 고운 단풍마저도 감동이에요. 타인에게 나는 무엇으로 어느만큼 감동을 선사하는지 묻습니다.

올해 블루베리는 근근이 선방해주었어요. 작년 가을에 열상 동해를 입은 것 같다고 이웃님이 일러주어서 원인을 어렴풋이 가늠할 수 있었지요. 개체수와 씨알이 잘아서 무언가 만들어보려면 몇 날을 따 모아야 해요. 부족하지만 싫지 않습니다. 적으니까 더 귀하고 오붓하거든요. 블루베리 생과를 크림 위에 콕콕 박아주었더니 컴퓨터 자판 같아서 웃음이 납니다.

기본 재료	장식용 블루베리 150g
타르트지 재료	버터 45g, 슈거파우더 20g, 달걀노른자 1개, 박력분 100g, 덧밀가루 약간
블루베리 필링 재료	블루베리 200g, 설탕 100g
크림치즈 프로스팅 재료	크림치즈 130g, 설탕 25g, 생크림 40g, 레몬즙 1작은술

만드는 법

1 실온에 둔 버터를 거품기로 풀어주고 슈거파우더를 넣고 섞는다.
 그다음엔 달걀노른자를 넣고 재빨리 섞는다.

2 ①에 체친 가루를 넣고 고무주걱으로 자르듯이 섞은 다음 반죽을 뭉친다.
 뭉친 반죽은 랩이나 비닐봉투에 넣어 냉장고에서 1시간 휴지시킨다.

3 그사이 블루베리와 설탕을 버무려 30분간 잰다. 재둔 블루베리를
 중불에 끓이다가 과육이 풀어지기 시작하면 약불로 줄이고 바닥이
 타지 않도록 저어가면서 농도를 맞추어 조린다.

4 휴지시킨 반죽은 살짝만 치대서 덧밀가루를 뿌려가며 밀대로 밀어 주고
 타르트틀에 맞춰서 올려준 다음 손으로 옆면을 꼼꼼하게 눌러준다.
 윗면은 밀대로 밀어서 깔끔하게 잘라주고 반죽이 부풀지 않도록 포크로
 타르트지 바닥을 콕콕 찍어준다.

5 180℃로 예열한 오븐에 15~20분 굽는다. 구워진 타르트는 한김 식힌다.

6 실온에 둔 크림치즈를 부드럽게 풀어준 다음 설탕, 생크림, 레몬즙 순으로
 섞어 휘핑한다.

7 한김 식힌 타르트에 블루베리 필링을 바르고 크림치즈 프로스팅를
 채운다. 그 위에 블루베리를 올린다.

이왕이면 고운 빛 음료 수박오이즙

수박 한 통을 사면 남은 조각의 처리로 곤란을 겪을 때가 잦아요. 아침 다르고 저녁 다르게 매달리는 오이도 곤란은 매한가지고요. 이럴 때 꺼내드는 히든카드가 있어요. 재료를 갈아서 즙을 내는 방법이지요.

수박과 오이를 착즙기에 내려 병에 담았을 뿐인데 아, 이 빛깔에 더위로 옥죈 마음과 몸이 무장해제 되어버립니다. 오이의 말끔한 연둣빛에 무너지지 않을 수 있어야지요. 풋풋하고 착한 빛깔의 오이즙을 마시면 더러 거칠고 삐뚤어진 몸도 온순해질 것만 같습니다. 수박에 소금을 약간 넣으면 단맛이 더 짱짱해지고 땀으로 배출한 염분을 보충해주는 역할도 합니다.

땀을 비 오듯 흘리지 않아도 습기와 열기를 마주하는 것만으로 여름 몸은 피로하죠. 물만 잘 마셔도 보양이 된다는 주장에 동의해요. 이왕이면 고운 빛 즙이 눈도 즐겁고 이리 뒹굴 저리 뒹굴 구박덩이 신세도 면하게 되었으니 이만큼 현명한 즙이 드물지 않을까요.

기본 재료 수박 1*kg*, 오이 10개, 레몬청 2큰술, 소금 약간, 얼음 적당량

만드는 법 1 수박은 과육을 도려내어 큰 주사위 모양으로 썰고
오이는 배꼽과 꽁지를 자르고 듬성듬성 썬다.

2 각각 착즙기나 강판을 이용하여 간다.

3 수박에는 약간의 소금을 가미하고 오이에는 레몬청을
섞어 얼음을 띄운다.

구
월

9월 사용법

무엇이든 튀겨내는 햇살 튀김기

햇살의 수분이 가시고 튀김처럼 파삭파삭해지는 이맘때면 여름 내내 무더위와 습기를 먹은 세간들을 내다 넙니다. 햇살 튀김을 하려는 심산이지요. 데크에 닿은 발바닥이 따끔할 정도로 뜨겁네요. 튀김기름의 온도가 적정온도로 올랐다는 신호입니다. 햇살 기름이 넉넉하여 한꺼번에 재료를 넣고 튀겨도 온도가 내려가지 않아요. 밥그릇, 국자, 함지, 이불까지 햇볕에 튀겨낼 수 있는 건 모두 출동하여 줄을 섭니다.

'무엇이든 튀겨 드립니다' 만능 햇살 튀김집이 내건 슬로건이에요. 발바닥은 덤으로 튀겼어요. 쩌렁쩌렁한 온기가 내장까지 데우는 것 같군요. 그 햇살에 내 눅진 마음도 바삭바삭 튀겨냅니다.

후련한 해소 호박잎 쌈과 호박잎 된장국

호박 넝쿨 끝머리에 달린 연한 호박잎을 따고 연한 호박도 땁니다. 잔가시가 박힌 호박잎 줄기를 위에서 꺾어 껍질을 벗긴 후 일부는 김을 쐬어 쪄내고, 일부는 바락바락 주물러 칼등으로 거침없이 으깬 호박과 함께 된장국을 끓여보려고요. 호박잎쌈은 여름 지기 전에 몇 번은 먹어주어야 할 것 같은 계절식이에요. 애초에 촘촘한 가시가 쐐기같이 박힌 호박잎을 어찌 먹을 생각을 하였을까요. 어찌 밥솥에 얹어 뻐센 기운을 눅잦힐 생각을 하였을까요. 내남없이 곤궁한 시절이었기에 식용 판정의 '영예'를 쥐었을 거예요. 어린 식성엔 썩 당기지 않아서 반강요로 먹었어요. 모친 앞에서의 음식투정은 칠거지악이었거든요. 지금은 자발적으로 챙겨 먹는답니다. 혀에 새겨진 감각이 부르기 때문이지요. 쌀밥보다는 거무튀튀하고 울퉁불퉁한 보리밥이 제맛이고, 혼자보다 여럿이 둘러앉아 제 볼 터지는지 모르고 앞자리 앉은 이의 일그러진 얼굴에 콸콸 웃어도 가며 싸 먹어야 제격입니다. 입아귀가 미어지게 싸고, 허기를 싸고, 무더위를 싸고, 피로를 싸고, 흐벅진 쾌감을 싸고.

호박잎 쌈

기본 재료
호박잎 25장, 보리밥 2공기

쌈장 재료
된장 2큰술, 고추장 · 다진 양파 · 깨소금 1큰술씩

만드는 법
1 호박잎은 줄기를 꺾어 겉껍질을 벗기고 깨끗이 씻어 물기를 탈탈 턴다.
2 김이 오른 찜통에 4분간 찐 다음 1분간 뜸을 들인 뒤 꺼낸다.
3 다진 양파에 된장과 고추장을 넣고 깨소금과 함께 섞는다.
4 쪄낸 호박잎에 보리밥과 쌈장을 얹어 싼다.

호박잎 된장국

기본 재료
호박잎 20장, 어린호박 1개, 된장 2큰술, 맛국물 6컵(멸치 30마리, 다시마 10×15cm 1장, 물 7컵), 대파 ½대, 청양고추 1개

만드는 법
1 호박잎은 줄기의 잔털을 벗겨내고 몸살이 날 정도로 바락바락 주물러 푸른 물이 빠지도록 여러 번 헹군다.
2 어린호박은 위생봉지에 넣고 나무망치나 칼등으로 탁탁탁 내리쳐 한입 크기로 부순다.
3 맛국물에 된장을 풀고 호박잎과 호박을 넣어 끓인다.
4 ③이 나른하게 익으면 대파와 청양고추를 썰어 넣어 마무리한다.

호박잎 쌈

호박잎 된장국

여름을 건너는 통과의식 호박꽃 만둣국

호박꽃 만둣국은 여름이 저물기 전에 먹어주어야 하는 의식 같은 음식이에요. 호박꽃 만두를 만드는 날에는 만두피가 될 호박꽃을 따는 순간부터 흥이 오릅니다. 들어가는 재료가 간단해서 번거롭지도 않아요. 고기를 탕탕탕 다지고 부추를 송송송 썰고 생강을 총총총 다져 넣는 것이 전부이니까요. 달걀물을 입혀 맑은 맛국물에 포르르 끓여 내면 얹힌 속이 확 뚫립니다. 못생긴 사람을 빗대어 호박꽃이라 놀리는 무례를 이해할 수 없어요. 이토록 곱고 이토록 은근한 꽃인걸요.

기본 재료 호박꽃 16송이, 돼지고기 300g, 부추 100g, 생강 · 홍고추 · 달걀 1개씩, 대파 ½대, 간장 · 소금 · 후춧가루 · 참기름 · 밀가루 약간씩

맛국물 재료 국물용 멸치 20마리, 다시마 10×10cm, 물 4½컵, 국간장 · 소금 약간씩

만드는 법

1 호박꽃은 수술을 뗀 다음 줄기의 꺼끌꺼끌한 겉껍질을 벗겨 가볍게 씻어 물기를 턴다.

2 맛국물을 끓인 후 체에 밭쳐 건더기를 건져둔다.

3 부추 16줄기는 끓는 물에 데쳐 물기를 짜 두고 나머지는 송송 썬다. 생강은 다지고 대파와 홍고추는 어슷 썰고 달걀은 풀어둔다.

4 돼지고기를 곱게 다져 송송 썬 부추와 생강, 간장, 소금, 후춧가루, 참기름을 넣어 치댄다.

5 호박꽃 잎 안쪽에 밀가루를 발라 털어낸 후 고기 소를 채우고 꽃잎 윗부분을 데친 부추로 감아 묶는다.

6 속을 채워 감싼 호박꽃 만두에 덧밀가루를 뿌려 여분의 가루를 털고 달걀물을 입힌다.

7 맛국물에 간장과 약간의 소금으로 간을 맞추고 끓으면 ⑥과 대파, 고추를 넣어 한소끔 끓여 낸다.

쓴맛을 볼 테야! 여주 새우볶음

작년에 지인이 건넨 여주차를 맛보고는 여주를 길러보기로 했어요. 익은 씨앗의 달콤함에 비해 푸른 여주는 쓴맛이 매력 포인트예요. 여간 쓴 게 아니어서 소금물에 담가서 쓴맛을 우렸어도 아주 감추지는 못해요. 입에 쓴 것이 이롭다는 말을 들어온 이상 쓰니 다니 뱉지도 못하겠어요. 조금 남은 쓴맛은 약이려니 하고 먹어낼 줄 아는 나이를 가졌음이 기특하기도 하고 조금 쓸쓸하기도 하군요. 여주의 아삭거리는 식감은 꽤 쳐줄 만해요.

기본 재료　여주 1개, 물 2컵, 소금 1큰술, 새우 8마리, 양파 ½개, 다진 마늘 · 피시소스 1큰술씩, 통깨 · 식용유 약간씩

만드는 법
  1 여주는 반으로 갈라 씨를 빼고 손가락 굵기로 썰거나 가로로 반달 썬다.
　　물에 소금을 섞은 뒤 여주를 1시간 정도 담가두어 쓴맛을 우린다.
  2 새우는 껍질을 벗겨 손질하고 양파는 굵직하게 채 썬다.
  3 달군 팬에 기름을 두르고 마늘을 먼저 볶는다.
  4 양파와 여주를 강불에서 재빨리 볶다가 새우를 넣어 마저 볶는다.
  5 피시소스를 뿌려 골고루 섞은 다음 통깨를 뿌린다.

붉고 후끈한 쾌감 토마토 달걀탕

볼그족족하게 익어 주렁주렁 열리는 토마토를 국으로도 끓입니다. 토마토 국이라니요. 이웃에 사는 한족 중국인이 알려준 음식이에요. 말로만 들었을 땐 이질적이었어요. 토마토 수프는 자연스럽게 받아들이면서 국이라고 이름을 매기니까 관념 속의 거부반응이었던가 봅니다. 중국에선 시훙스지단탕으로 이름을 떨치는 음식인데요. 맛은 물론이고 빛깔과 향이 조화롭게 어우러져서 적체된 토마토를 해결하는데도 그만입니다. 쪽파 대신 바질을 뜯어 넣으니 눈 깜짝할 사이에 벌어진 요술처럼 확연한 맛의 차이가 나는군요. 토마토와 바질은 천생연분이 아니랄까 봐요.

기본 재료　토마토 4개, 달걀 2개, 마늘 2쪽, 올리브오일 · 들기름 1큰술씩, 간장 · 맛술 1작은술씩, 물 3컵, 소금 · 바질 약간씩

만드는 법
  1 열십자로 칼집 낸 토마토를 뜨거운 물에 넣고 1분 후에 건져서 껍질을 벗긴 다음 8등분으로 썬다.
  2 마늘은 편으로 썰고 달걀은 알끈을 건져낸 후 풀어 놓고 바질은 잘게 뜯어 둔다.
  3 올리브오일과 들기름을 두른 냄비에 마늘을 먼저 볶아 향을 내고 토마토를 볶는다.
　　취향에 따라 토마토를 으깨거나 형태가 살아 있게 만든다.
  4 간장과 맛술을 넣고 물을 보충하여 끓인다. 소금으로 나머지 간을 맞춘다.
  5 마지막에 풀어둔 달걀을 원을 그리며 두르고 그릇에 담은 뒤 바질을 곁들인다.

여주 새우볶음

토마토 달걀탕

근심을 잊어요 원추리꽃밥

원추리 꽃 환히 피어 마당을 밝힙니다. 꽃봉오리를 따서 말리려는 계획을 여태 미루고 있어요. 먹지 않고 보는 맛도 맛있어서예요. 잎이거나 꽃이거나 뿌리이거나, 버릴 것 없기로는 원추리도 매한가지입니다. 봄에 새 부리처럼 쏙 올라오는 원추리무침은 얼마나 경쾌한 식감을 주는지요. 꽃 지기 전에 꽃밥이라도 지어야겠어요. 원추리 꽃이 솥에서 익어갈 때는 감자 삶는 냄새가 납니다. 원추리꽃밥을 지어보지 않았으면 맡아볼 수 없는 구수한 냄새예요. 원추리는 또 다른 다양한 이름을 갖고 있지만 망우초라는 이름이 제겐 쏙 와 박혔어요. 근심을 잊게 해주는 풀이라니요. 과연 반할 만하지요.

기본 재료 원추리 꽃 20송이, 불린 쌀 2컵, 물 2½컵

오이양념장 재료 잘게 썬 오이 2큰술, 송송 썬 쪽파 · 깨소금 · 간장 · 참기름 1큰술씩, 고춧가루 1작은술

만드는 법

1 원추리 꽃은 수술을 떼고 살살 씻어 물기를 뺀다.

2 30분간 불린 쌀은 물기를 뺀 후 솥에 안치고 손을 얹어 수면이 손등 가운데에 닿게 밥물을 맞춘다.

3 밥이 끓기 시작하면 약불로 줄이고 원추리 꽃을 얹어 8분 정도 끓인다. 다시 강불로 올려 20초 정도 가열한 다음 불을 끄고 10분간 그대로 두어 뜸을 들인다.

4 꽃잎을 섞어 밥을 푸고 오이양념장을 만들어 곁들인다.

무궁화 꽃이 피었습니다

진딧물이 꾀기로 유명한 무궁화가 특별히 관리를 하는 것도 아닌데 제 마당에선 용케 깨끗하게 피고 집니다. 몇 송이 따 담는 제 손이 더 신나고 화사해지는군요. 꽃받침과 꽃술을 따고 꽃 모양이 일그러지지 않도록 말려볼 참이에요.

꽃차는 여느 차에 비해 만드는 방법이나 과정이 복잡하지 않아서 화단에 피어난 꽃이어도 좋고 산책길에 만난 야생화라도 충분하더라고요. 처음엔 멋모르고 욕심을 부려 수북하게 따야 직성이 풀렸는데, 이젠 한두 번 정도의 단출한 꽃차에 집중하는 재미를 알게 되었어요. 여유는 생기는 게 아니라 만드는 것이라는 사실까지도요.

목수국 아이스콘을 빨아 먹는
달콤한 상상

손가락만 한 목수국 뿌리를 이웃 아주머니로부터 얻어 심었어요. 두세 해 지나면 꽃을 볼 수 있을 거라던 그녀의 예언과 달리 첫해에 열여섯 송이가 피어서 환호했었죠. 처음엔 보기도 아까울 만큼 귀해서 꺾을 엄두를 내지 않았는데, 해마다 목수국의 꽃이 개체를 더하여 이젠 호기롭게 꺾어 집 안으로 들여오기도 한답니다. 활짝 피어 볼터치를 한 것 같은 붉은 볼 빛을 띤 목수국은 예뻐하지 않을 수 없지만, 막 피어날 때의 말끔하고 순한 연둣빛이 감도는 목수국은 안절부절 어쩌지 못하게 잡아 붙드는 매력이 있어요. 고깔을 만들어 '수국꽃 아이스크림'을 뭉게뭉게 짜 넣었습니다. '12시에 만나요! 부라보콘' 세대인 제 청춘의 추억을 함께 담아서요. 한 송이 꽃이 피워낸 아련하고 달콤한 상상이에요.

살캉 익힌 애호박찜

모기 입이 삐뚤어진다는 처서가 지나서부터는 호박에도 가지에도
단맛이 담뿍 고여서 어떻게 조리해도 입맛을 사로잡습니다. 찜통에
김을 쐬어 낸 호박은 채 썬 깻잎과의 담백하고도 향기로운 조화 때
문에 이맘쯤이면 즐겨 먹는 음식이에요. 찌는 시늉만 할 정도로 쪄
낸 호박은 아삭거리는 데다 차갑게 식혀 양념장을 곁들이면 전식으
로도 아쉽지 않아요.

구월 • 계절 소풍 •

152
153

기본 재료   애호박 1개, 깻잎 10장

양념장 재료   간장·설탕·통깨 1큰술씩, 식초 2큰술, 채 썬 마늘 1작은술,
청양고추 ½개, 참기름 1작은술

만드는 법   **1** 애호박은 길이로 반 갈라 도톰하게 썬다.
             2 김이 오른 찜통에 호박을 나란히 담고 강불에서
               3분 30초간 찐 후 불을 끄고 1분간 뜸을 들인 다음 뚜껑을
               연다. 가능하면 쟁반에 펼쳐서 급랭을 하여 식힌다.
             3 분량의 재료를 섞어 양념장을 만든다.
             4 깻잎은 돌돌 말아 가늘게 채 썰고 찬물에 헹군 뒤 종이
               타월에 얹어 공 굴리듯 감싸며 고슬고슬하게 물기를 없앤다.
             5 찐 호박과 깻잎을 접시에 담고 양념장을 끼얹는다.

생색나는 한 접시 줄무늬 낸 가지구이

'가지 한 포기면 정든 임 반찬 한다' 하죠. 아무리 따도 열리는 가지로, 가지가지 반찬을 해 먹고 있어요. 이왕이면 즐겁게 만들어 먹으려고요. 석쇠나 그릴팬을 달구어 도톰하게 썬 가지를 구우면 줄무늬가 생겨서 별것 아닌데도 근사해 보이는 효과를 줍니다. 수분을 날려서 간이 배면 버섯처럼 졸깃거리기도 해요. 맛도 나고 재미도 나는 가지구이예요.

기본 재료　　가지 4개

양념장 재료　송송 썬 파 · 간장 2큰술씩, 다진 마늘 · 참기름 1큰술씩,
　　　　　　　설탕 1작은술

만드는 법　　1 가지는 길이로 도톰하게 썰어 달군 석쇠나 그릴 팬에 얹어
　　　　　　　　　앞뒤로 굽는다.
　　　　　　　2 분량의 재료를 섞어 양념장을 준비한다.
　　　　　　　3 한김 식힌 구운 가지에 양념장을 되작되작 섞어
　　　　　　　　　1시간 정도 쟀다가 담아 낸다.

수줍은 홍조 참깨 꽃 샐러드

가마골 이장댁 밭의 참깨 꽃이 늦도록 피었어요. 깨 농사를 지을 요량이 아닌지라 이웃이 심어보라고 준 모종을 여느 댁보다 늦게 심은 탓에 저도 더불어 참깨 꽃을 보게 되네요. 곡식 꽃도 여느 화훼용 꽃에 지지 않는 아름다움을 발한다는 것을 요 앙증맞은 참깨 꽃이 나직이 일러주지 뭐예요. 가늘게 채 썬 생감자와 오이에 참깨 꽃 후드득 흩뿌린 것만으로도 눈이 생글거려지는군요. 수수한 꽃빛이 풀어낼 참깨의 진실, 그 안에 고일 참기름 한 방울의 강력한 힘은 그저 탄복할 일입니다.

기본 재료   참깨 꽃 30송이, 오이 ½개, 감자 1개, 양파 ½개, 호두 4개, 대추 3개

간장소스 재료   간장 · 설탕 1큰술씩, 식초 2큰술, 참기름 1작은술

만드는 법

1 참깨 꽃은 두 손으로 가볍게 들어 올리듯 씻어 건진다.

2 오이와 감자, 양파는 가늘게 채 썰어 찬물에 담갔다가 건진 다음 체에 받쳐 물기를 없앤다.

3 ①과 ②를 냉장고에 넣어 차게 둔다.

4 호두는 끓는 물에 데쳐 꼬챙이로 껍질을 벗기고 콩알 크기로 부순다. 대추는 껍질을 돌려 깎아 채 썬다.

5 접시에 재료를 볼륨 있게 살려 담고 간장소스를 만들어 끼얹는다.

시
월

다락에 모아 두고 싶은 볕

하늘이 부린 솜씨 추수 조각보

가을볕이 으리으리합니다. 꼬숩기가 깨 방앗간을 능가해요. 하도 꼬
수아서 머리가 땡할 지경이에요. 물론 오롯이 국산이죠. 이리 헤프
게 인심을 써서 이문이 남을지 염려가 됩니다만 가을 볕은 놓치면
손해이니 갈무리한 곡식과 채소를 널었습니다. 장마의 영향을 많이
받지 않아 올해는 작물들이 대체로 건강해요. 배추 여남 포기 정도
를 버무릴 만큼의 고추를 비롯해 여름내 내어주고도 아직도 더 내어
줄 것이 남았다는 호박과 가지를 또박또박 썰어 널었어요. 토란대도
한편을 차지하였고 쫑글쫑글 곱게 영근 팥도 깍지에서 나와 태양의
맛을 누립니다. 여주와 작두콩은 차로 끓여보려고요. 모두 한여름의
치열한 성적표예요. 빛깔과 모양은 각각이지만 모두 열심을 기울인
노력이고요. 야물야물 참하지요. 하늘이 지은 뜨거운 솜씨랍니다.

야무진 밑반찬 가을장아찌

여름내 내어주던 방울토마토도 끝물이군요. 붉은 것은 붉은 대로 햇볕에 널어 말리고 푸른 것은 푸른 대로 장물을 부어 둡니다. 산초열매도 여물었어요. 비가 내리거나 바람이 한차례 불어주기라도 하는 날엔 마당을 가득 메우던 초피나무의 청신한 향기를 기억합니다. 할라피뇨라는 고추를 처음 심어보았어요. 글자만 보아도 활활 매운맛이 느껴지는 고추죠. 그러나 예상처럼 기절하게 맵지는 않고, 육질이 두툼하여 여간해서 상처도 나지 않아 크기는 작아도 묵직하게 열매를 매달아준 채소예요. 장물만 부으면 간이 배는 참 쉽고도 야무진 밑반찬들입니다.

초록 토마토 장아찌

기본 재료 초록 토마토 5컵

장물 재료 간장 · 설탕 · 식초 · 물 1컵씩

만드는 법
1 초록 토마토는 꼭지를 떼고 깨끗이
   씻어 용기에 담는다.
2 장물을 섞어 ①에 붓고 토마토가 뜨지
   않도록 누름돌이나 접시를 얹는다.
3 사흘 후 장물을 따라내고 팔팔 끓여
   식힌 후 다시 붓는다. 두세 번 더
   반복하면 변질 없이 두고 먹을 수 있다.

할라피뇨 장아찌

기본 재료 할라피뇨(고추) 500g

장물 재료 간장 · 설탕 · 식초 · 물 1컵씩,
   통후추 10알, 월계수잎 2장

만드는 법
1 할라피뇨는 씻어서 동글동글 썬 다음
   열탕 소독한 용기에 담는다.
2 분량의 장물을 끓여서 뜨거울 때 붓고
   식은 뒤 뚜껑을 덮는다.
3 오래 두고 먹을 요량이면 사나흘 후에
   장물을 따라내 끓인 다음 식혀서 붓는다.

선드라이드 토마토 오일절임

기본 재료 방울토마토 3컵, 소금 ·
   바질 가루 1작은술씩, 통후추 약간,
   오레가노 ½작은술,
   올리브오일 적당량(재료가 잠기도록)

만드는 법
1 방울토마토는 반으로 썰어 소금과
   통후추를 뿌려 햇볕이나 건조기에
   꾸덕꾸덕하게 말린다.
2 ①에 말린 바질(생바질도 가능) 가루와
   오레가노를 뿌려 섞은 다음 소독한
   유리병에 담고 올리브오일을
   푹 잠기도록 붓는다.
3 파스타나 샐러드 등에 넣으면 풍미를
   더해준다. 남은 오일은 요리에 사용한다.

초피장아찌

기본 재료 초피 500g, 국간장 · 매실효소(다른
   효소로 대체 가능) 1½컵씩, 식초 1큰술

만드는 법
1 꼬투리가 벌어지지 않은 초록빛
   초피 열매에 펄펄 끓인 물을 부어
   6시간가량 우린다. 초피 향을
   좋아한다면 생략하여도 된다.
2 ①을 깨끗하게 씻은 다음 채반에
   널어 물기를 말린 후 소독한 용기에
   초피를 차곡차곡 담는다.
3 간장과 효소를 동량으로 잡고 신맛을
   원할 경우엔 식초를 조금만 섞은 다음
   초피가 잠기도록 붓는다.
4 열흘 간격으로 장물을 따라 끓여서
   식힌 다음 붓기를 두어 번 반복하면
   오래 두어도 변하지 않는다.

초록 토마토 장아찌

초피장아찌

선드라이드
토마토 오일절임

할라피뇨 장아찌

옥비녀 꽃 옥잠화 새우볶음

전나무 그늘 아래 옥잠화 꽃이 말갛게 피었습니다. 옥비녀를 닮아서
옥잠화래요. 그럴듯한 이름이지요. 은근하고 달콤한 향기가 백합과
도 비슷해요. 소고기나 새우 등을 볶아 조심스럽게 벌린 꽃봉오리에
속을 채워 먹으면 오감이 열리는 맛이 납니다. 청보랏빛 닭의장풀
꽃을 얹어 장식하였더니 신비감이 더해지는군요.

기본 재료   옥잠화 꽃봉오리 12송이, 새우 180g, 오크라 1개,
다진 양파 · 맛술 1큰술씩, 다진 마늘 1작은술,
소금 · 후춧가루 약간씩, 식용유 적당량

만드는 법   **1** 옥잠화 꽃봉오리의 꽃잎을 조심스럽게 벌려서 수술을 뺀다.

               2 새우 살은 굵게 다지고 마늘과 양파는 잘게 다진다.

               3 오크라는 얇게 썬다.

               4 팬에 오일을 두르고 마늘과 양파를 먼저 볶는다.

               5 ④에 새우살을 볶다가 맛술을 넣고 물기가 없도록 볶는다.
소금으로 간하고 불을 끈 다음 오크라를 넣어 여열로 익히고
후춧가루를 약간만 뿌린다.

               6 ①에 볶은 새우살을 채우고 접시에 돌려 담는다.

둥글둥글 둥굴레 김밥

3년 전 옮겨 심은 둥굴레를 캐보았어요. 뾰족뾰족 새순을 올리는 봄에도 꽃 볼 욕심에 순 자르기마저 망설이던 뿌리인데 과감히 흙을 들추었지요. 식구를 불린 것은 물론이고 뿌리도 제법 굵어졌네요. 흙을 탈탈 털고 씹어 먹어보니 인삼과 도라지 같은 향기와 달착지근한 맛이 들어 있군요. 김밥을 말아보았습니다. 왜 김밥에 들어가는 우엉 있잖아요. 둥굴레가 우엉을 대신한 김밥인 거죠. 김밥에 들어가는 재료가 따로 있나요. 무엇이든 얹어 돌돌 말면 김밥이죠. 여러 가지의 재료가 어우러진 맛도 좋지만 둥굴레의 맛에 조금 더 집중해보기 위해 한 가지의 재료만 더하여 일대일 개인면담을 시켰어요.

기본 재료 밥 3공기, 둥굴레 100g, 채 썬 고추 · 채 썬 당근 ½컵씩, 달걀 4개,
식용유 · 소금 · 참기름 약간씩, 김밥용 김 4장

밥양념 재료 참기름 · 소금 · 통깨 약간씩

둥굴레양념 재료 간장 1큰술, 올리고당 · 맛술 1작은술씩

만드는 법

1 잔뿌리를 손질한 둥굴레는 달군 팬에 기름을 둘러 볶는다. 분량의 둥굴레양념 재료를 팬에 넣어 불 위에 올리고 양념장이 끓으면 볶은 둥굴레를 넣어 조린다.

2 고추는 씨를 긁어내고 채 썬다. 당근도 채 썰어 기름 두른 팬에 각각 소금으로 간하여 재빨리 볶아 식힌다.

3 달걀에 소금을 넣어 푼 다음 팬에 기름을 두르고 달걀물을 부어 도톰하게 지단을 부친다. 식힌 뒤 썬다.

4 뜨거운 밥에 소금과 참기름, 통깨를 넣어 버무린다.

5 김발 위에 김을 깔고 밥을 얇게 펼친 다음 둥굴레와 고추 채를 얹어 돌돌 말아 꽉꽉 눌러 썬다. 당근과 지단도 마찬가지로 각각 둥굴레를 넣어 만다.

6 말아둔 김밥에 참기름을 가볍게 바르고 한입 크기로 썰어 낸다.

크림처럼 부드러운 토란 차조기 샐러드

가을 깊어지자 토란도 알이 찹니다. 밭의 달걀이라 할 정도이니 얼마나 유익한 뿌리일지는 절로 짐작이 가지요. 찐 토란 맛을 시골에 들어와서 알았어요. 처음으로 가꾸어 거둔 토란 한 바가지로 절반은 국을 끓이고 절반은 쪘더랬죠. 찐 감자와 흡사하면서도 부드럽게 감기는 각별한 질감에 반해버린 뿌리예요.

기본 재료   토란 250g, 차조기 잎 5장, 방아 꽃 3송이
들깨드레싱 재료   들깻가루 2큰술, 간장 1작은술, 다시마 우린 물 3큰술

만드는 법   **1** 토란은 깨끗이 씻어 김이 오른 찜통에 6분간 찐 다음
                          껍질을 벗긴다.
                  2 차조기 잎은 채 썬다.
                  3 들깻가루에 간장, 다시마 우린 물을 섞어 드레싱을 만든다.
                  4 찐 토란에 채 썬 차조기 잎과 방아 꽃을 담고
                          들깨드레싱을 뿌린다.

입 안의 폭죽 인디언감자 꽃 튀김

잠깐 피었다 지는 그냥 감자 꽃에 비해 아피오스감자 꽃은 오래도록
꽃을 내어줍니다. 인디언이 먹었다 하여 인디언 감자라고도 해요.
뿌리를 얻기 위해 심었는데 관상용 식물로 착각이 들 만큼 꽃 인심
이 후합니다. 역시나 습관처럼 향기를 맡다가 꽃잎을 따 먹어보고는
놀랐어요. 그윽한 향기에 달콤한 맛이라니요. 주렁주렁 매달린 꽃송
이는 아카시아 꽃과도 비슷하죠. 아, 묘하게도 튀겨 놓았을 때는 예
상과 달리 달콤함과 향기는 가려지고 고소함이 입안을 장악합니다.
그리고는 잔잔한 향기가 뒷맛에 남는군요.

기본 재료　　인디언감자 꽃 12송이, 튀김가루 ½컵, 물 1컵, 각얼음 10개,
　　　　　　　덧밀가루 2큰술, 튀김기름 적당량

만드는 법　　**1** 인디언감자 꽃을 살랑살랑 흔들어 씻은 다음 물기를 뺀다.
　　　　　　　2 볼에 튀김가루와 물, 얼음을 섞어 묽은 반죽을 만든다.
　　　　　　　3 꽃에 덧밀가루를 묻힌 다음 튀김반죽을 입힌다.
　　　　　　　4 180℃로 데운 기름에 ③을 넣어 튀긴다.
　　　　　　　5 채반에 건져 기름을 뺀 뒤 한 번 더 튀겨 낸다.

산속의 딸기 산딸 열매

나비가 나풀나풀 내려앉은 것 같은 산딸나무 꽃 진 자리에 산딸 열매
가 맺혔습니다. 우아한 신부의 드레스 같던 꽃과 달리 열매는 빛깔
과 모양이 딸기 사촌이라 해도 마땅하겠어요. 산에 열리는 딸기여서
산딸나무인가요! 이 붉은 열매를 보아하니 비로소 나무 이름에 붙은
의혹이 풀리는 것도 같고요. 속살은 뭉개진 커스터드 같고 패션프루
트처럼 씨가 박혀 있어요. 고유의 강렬한 향이 있다거나 새콤하거나
과즙이 풍부하다거나 하는 똑 떨어지는 맛이 아니라 다소 우유부단
한 맛이에요. 씨를 발라내느라 입속 수고를 더해야 하지만 제법 달
콤하여 여하간 과실임을 포기하지 않는 맛입니다. 음식의 재료로 써
보기 위한 궁리가 마땅찮아서 이렇게 주전부리로 알현하다 보니 동
화 속의 열매인 것 같은 착각도 들어요. 마침 쑥부쟁이가 무더기로
피어 있군요. 일부러 심은 꽃처럼 빨간 열매와 극적인 장치를 이룹
니다. 아주 과일 같지도 않으면서 과일이 아니라고 부정할 수도 없
는 모호한 열매의 존재감을 확고히 다져주는 감초 같은 등장이에요.

옹골진 갈색보석 알밤 수색대

밤 아람이 떡 벌어졌습니다. 알밤 수색대를 꾸려야 하는 때입니다. 일부러 장대를 휘두르는 유도분만은 시행하지 않아요. 그냥 두고 기다려 '자연분만' 한 열매를 허리만 굽혀 주우면 그만이거든요. 밤 줍기는 유년의 할머니 댁에서의 내 소임이었습니다. 아침녘 뒷마당 비탈에 가보면 어김없이 밤알이 떨어져 있었어요. 반짝반짝 윤기 나는 열매를 주워 들 때의 옹골진 재미라니요. 보물찾기의 묘미를 그때 배웠을 거예요.

방 창을 통해 정면으로 바라보이는 곳에 자라는 나무여서 셀 수 없이 눈맞춤한 나무입니다. 일부러 누가 마당에 들어오지 않는 이상 청설모와 고라니, 날짐승 그리고 내 차지이죠. 쥐밤이라 씨알이 작고 까먹으려면 허천나지만 고소해요. 이른 아침 가스배달 온 기사님 손에 한 움큼 올려주었어요. 오며 가며 맞닥뜨리는 인연에게도 한 움큼씩 건넬 것이고요. 절로 자상한 가을입니다.

땅속의 영양 뿌리채소 샐러드

가을은 뿌리채소의 계절이기도 하죠. 흙이 지닌 가치와 유익함이 뿌리에 고스란히 고여서 먹어만 주면 막 건강해질 것 같은 채소예요. 더욱이 날로 먹는 뿌리는 원초적 민낯을 대하는 것 같아 기분마저 상큼해진답니다.

기본 재료 당근 40g, 고구마 30g, 우엉 · 무 20g씩, 당근 잎 10g
드레싱 재료 레몬즙 2½큰술, 간장 · 설탕 · 올리브오일 2큰술씩,
　　　　　　　다진 마늘 1작은술, 후춧가루 약간

만드는 법 **1** 각각의 뿌리채소를 손질하여 가늘게 채 썬다.
　　　　　　2 물에 담가 헹군 후 건져서 물기를 완전히 빼고 차게 둔다.
　　　　　　3 당근 잎은 연한 부분을 골라 씻어서 물기를 거둔다.
　　　　　　4 드레싱을 뿌려 가볍게 섞은 다음 접시에 담아 낸다.

십

일

월

단풍을 읽는 시간

노랑 숲으로 소풍 가는 날

집 입구 바로 옆 언덕의 은행나무 숲 단풍이 곱습니다. '이래도 한번 들러보지 않을 테여요?'라며 노랑노랑 손짓에 감복하여 소풍 보자기를 폅니다.

전날 먹고 남은 김밥 재료를 잘게 썰어 주먹만 하게 밥을 뭉쳐 구웠어요. 역시 구워 먹고 절반이 남은 바질 스콘 반죽도 주물러 굽고 밤도 찌고, 따끈하게 우린 우엉차도 보온병에 담습니다. 오븐 속에서 단내를 퐁퐁 풍기며 익은 햇고구마도 챙겼어요. 삶은 달걀과 사이다가 빠졌지만 이것저것 주섬주섬 챙겨 풀어놓으니 소풍 온 기분이 납니다. 소풍이라는 어감에는 설렘, 흥분, 즐거움이 들어 있어 발음만 해도 기분이 좋아지고 행복해지죠. 거기에 노랑 숲이 앞에 떡하니 붙으니 팔랑팔랑 아이 같은 마음이 되어 천국에 온 기분입니다.

보자기 위에 펼쳐진 노랑 빨강 하양의 색채가 유감없이 발휘되도록 막막 지원을 아끼지 않는 햇살은 전매특허권을 가진 사려 가득한 가을 조명이고요. 콩알만 한 바람만 스쳐도 막막 후드득 쏟아져 내리는 은행 단풍은 이 숲에 와주어 고맙다는 깜찍한 특수효과입니다. 더는 가을이 아니어도 더는 가을을 못 보아도 괜찮다 싶을 만큼 충만한 찰나예요. 발아래 행복이 빛나고 값진 까닭입니다.

잔반 처리 위원회 구운 주먹밥

전날에 싸 먹고 남은 김밥 재료를 몽땅 썰어서 찬밥과 함께 볶았어요. 야외에서 먹을 밥이라서 모양도 잡고 한 번 더 불맛을 주며 구워주니 잔반이라는 전력이 감쪽같이 감추어지는군요. 감잎이나 참나무 단풍을 감싸 쥐면 근사한 테이크아웃 포장재로도 손색이 없고요.

기본 재료   찬밥 2공기, 싸고 남은 김밥 재료와 들기름 약간

만드는 법   1 남은 김밥 재료는 잘게 다진다.
　　　　　　　2 달군 팬에 들기름을 두르고 다진 재료를 먼저 볶은 다음 찬밥을 넣고 골고루
　　　　　　　　 섞이도록 볶는다.
　　　　　　　3 밥틀에 볶은 밥을 담아 모양을 찍어내거나 손으로 꼭꼭 뭉쳐 모양을 잡아준다.
　　　　　　　4 팬에 따로 기름을 두르지 않고 뭉친 밥을 굴려가며 노릇하게 굽는다.

붉은 구슬 홍옥 캐러멜 범벅

찬바람이 불기 시작하면 홍옥이 나옵니다. 예전에는 겨울의 과일이었는데 요즘은 반짝 나오다 사라져서 여차하면 놓치기 쉬운 과일이죠. 겨울밤이면 바로 아래 동생과 함께 뚜껑이 달린 바구니를 들고 시장통에 홍옥을 사러 나갔어요. 저녁상을 물린 후 모친이 내리는 후식 셔틀이었죠. 어깨를 움츠러들게 하는 차가운 밤공기가 싫었지만 홍옥을 먹는다는 즐거움에 감수할 만한 심부름이었지요. 제게 홍옥은 열 서너 살 남매의 동지애입니다. 새큼달큼한 홍옥은 그냥 먹어도 비할 바 없는 맛이지만 녹인 캐러멜에 퐁당 적셔 나뭇가지를 다듬어 꽂아주니 소풍의 흥이 나는군요.

기본 재료   홍옥 2개, 밀크캐러멜 12개, 으깬 땅콩 3큰술, 설탕물(생수 1컵, 설탕 1작은술),
　　　　　　　식초(베이킹소다) · 꼬챙이 적당량씩

만드는 법   1 사과는 식촛물이나 베이킹소다에 10분간 담갔다 꼭지와 배꼽 부분까지
　　　　　　　　 꼼꼼하게 닦는다.
　　　　　　　2 생수에 설탕을 넣어 녹이고 땅콩은 종이타올 위에 올려두고 잘게 부순다.
　　　　　　　3 씻은 사과를 8등분하여 씨를 썰어낸 다음 갈변을 막기 위해 설탕물에
　　　　　　　　 담갔다 건져서 꼬치에 꿴다.
　　　　　　　4 캐러멜을 중탕으로 녹인 뒤 ③의 사과 꼬치를 캐러멜에 적시고 부순 땅콩을 뿌린다.

구운 주먹밥

홍옥 캐러멜 범벅

넋 아웃 주의보 곶감 꽃등

딸깍! 꽃등이 켜졌습니다. 현관 처마 아래 곶감을 깎아 걸었거든요. 발간 감을 깎고 실에 매다는 동안 마음 안에도 주홍 물이 드는 멋을 알아버렸고 이 흥분되는 따스한 빛깔에 푹 빠져서 4년째 이어가는 연례행사가 되어버렸어요. 껍질을 벗길 때는 엄지 관절이 얼얼하고 허리와 무릎이 저려서 내가 왜 자발적 노동을 벌여서 이 고생인가 자책을 하다가도, 육즙이 빠져나가지 않게 표면을 맞춤하게 익힌 스테이크처럼 졸깃하고 발갛게 익은 곶감의 진저리 치는 맛도 알아버려서요. 바람 한 자락이 톡 건드려주면 뱅그르르 알몸을 굴리는 발칙한 감들의 교태를 바라보자면 넋을 빼앗기고도 남아요. 아기 궁둥이처럼 보들보들 마르면 오가다 따 먹고 출출하면 따 먹고 누가 오면 따주고, 곶감 한 알의 오보록한 풍요가 기대됩니다.

막강 네트워킹 수세미

수세미의 겉껍질을 벗기고 한 아름 되는 솥에 소금 한 주먹을 넣고 폭폭 삶았어요. 불순물을 빼고 수세미의 내구성도 높이기 위해서이죠. 여물과 시래기를 섞어 삶는 것 같은 구수한 냄새가 비강을 치고 들어오기 시작하면서부터 말할 수 없는 안도감이 생깁니다. 수세미 속의 끈적거리던 성분이 말라붙었다가 물과 열기에 녹아 하염없이 빠져나와서 맑은 물이 나올 때까지 여남은번 은 갈아 헹궈야 해요. 수세미는 무덤덤한 겉모습과 달리 섬세한 조직으로 똘똘 뭉쳤어요. 이 정도 네트워크라면 무엇인들 못 할까요. 1인 사업장을 꾸리며 늘 외로움을 타는 제가 하다하다 수세미의 조직력까지 부러워하는군요. 건조되었을 때 까슬까슬한 촉감도 개운하고 물에 적셔져서 부들부들해지는 감촉은 궂은 설거지마저 즐거워집니다. 얼기설기 엉킨 수세미가 닦아내는 정화의 힘이겠지요.

후다닥 애동고추찜

고추농사의 맨 마지막 수확은 곧 서리가 오면 운명을 다할지도 모르고 맺히는 어린 고추입니다. 애동고추라고도 해요. 밀가루를 입혀 찌거나 기름에 튀기기도 하고 찜솥의 김을 슬쩍 쐬어 무쳐내면 별미인데요. 이렇게 간편해도 되는가 싶게 쉽고 빠른 조리에 비해 은근히 입맛을 끄는 반찬이랍니다.

기본 재료 애동고추 200g, 액젓 · 깨소금 1큰술씩, 참기름 1작은술

만드는 법

1 애동고추의 꼭지를 떼고 가볍게 씻어 김이 오른 찜통에 2분간 찐다.

2 쟁반에 펼쳐서 식히면 초록색이 그대로 유지된다.

3 볼에 식힌 고추와 나머지 재료를 넣고 가볍게 버무린다.

사르르 사르르 작두콩 상투과자

마음먹고 심은 작두콩이 풍년입니다. 동글동글 콩알의 모양을 상기해보면 다소 부적절한 이름이죠. 그러나 콩깍지를 보면 어찌 그 이름을 가졌는지 대번에 알아차리게 되지요. 작두와 꼭 닮아서예요. 깍지를 벌렸을 때 한 번 더 놀라게 됩니다. 서너 개만 먹어도 포만중추가 가득 찰 정도로 콩알이 크기 때문이에요. 이웃이 콩 앙금으로 상투과자를 구웠다는 자랑을 들은 후로 일찌감치 작두콩을 점지해 두었더랬어요.

기본 재료	쪄서 으깬 작두콩 앙금 500g, 설탕 150g, 달걀노른자 1개, 우유 2큰술, 계핏가루 1작은술
만드는 법	1 작두콩은 찜기에 10분간 찐 다음 체에 앙금을 내린다.
	2 ①을 팬에 담고 설탕을 넣은 다음 불을 켜고 주걱으로 젓는다.
	3 ②를 다시 볼에 담고 달걀노른자와 계핏가루, 우유를 넣어 충분히 치대어 섞는다. 여기에 아몬드 가루를 넣으면 겉이 더 바삭한 풍미를 준다.
	4 짤 주머니에 반죽을 넣고 유산지를 깐 오븐 팬에 상투 모양으로 짠다.
	5 180℃로 예열한 오븐에 15분에서 20분 사이로 오븐의 전력 상태를 감안하여 굽는다.

십
이
월

한 해가 지나가는 어름

밥상 위의 불꽃

세밑 밥상인 데다 친구를 초대한 밥상이어서 굵은 초를 준비했어요. 촛불이 켜진 밥상은 언제라도 은근하고 우아하여 격조가 깃듭니다.

새들의 주전부리가 되고 있는 마당의 피라칸다 열매를 잘라다 몇 군데 둘러주었더니 붉고 푸른색의 조합이 파티 분위기를 돋우네요.

한 해를 반추하는 달력 디시매트

연초에 대문짝만 한 달력을 선물 받았어요. 그 크기만큼 날짜만 굵게 박힌 단순한 달력인데 시원한 눈 맛을 주었지요. 달이 지날 때마다 한 장씩 뜯은 달력을 모아두었다가 두꺼운 종이를 덧대어 디시매트를 만들어보았습니다. 한 달 한 달 달력을 자르면서 그달의 날짜를 보자니 별안간 여행을 떠나 이국에서 현지인 생활을 해본 달도 있고 예기치 않은 사고를 당하여 운신이 불편했던 달도 있고 은행단풍이 곱게 물들기를 이제나저제나 고대하던 달에 이르기까지 반복된 숫자만큼이나 다채로운 일들을 겪었군요. 채우지 못할 크기의 그릇을 정해놓고 실패했다고 자책한 적은 없었는지, 나의 교만으로 누군가에게 상처를 입히지는 않았는지도 되짚어봅니다. 그 안에는 세상이 젖도록 울고 싶은 일도, 목젖이 꺾이도록 웃은 일도 두루 공평했습니다. 그러면 되었지요. 절반의 성공을 거둔 셈이니까요. 부족했던 절반은 다가오는 해에 바통을 넘길 참입니다.

겨울날의 위로 한 대접 동지 팥죽

팥이 든 음식을 좋아하는 제게 동지는 계 탄 날입니다. 팥을 삶아 앙금을 내리고
새알심을 빚어야 하는 번다함조차도 기꺼워지니 말이죠. 요즘이야 재료가 흔해
서 마음만 먹으면 절기를 가리지 않고 해 먹을 수 있는 음식이지만, 특별한 날에
끓여 먹는 팥죽은 더 각별하잖아요. 팥죽은 쌀을 넣은 팥죽과 새알심을 넣은 팥
죽, 두 가지를 섞은 팥죽으로 기호가 나뉘는데 저는 쌀알이 섞이지 않은 새알심
든 죽을 좋아해요. 항아리에 담아둔 팥죽이 다음 날 아침 땡땡 얼어서 셔벗이 될
때면 그 팥죽을 녹여 먹던 즐거운 기억이 잊히질 않는군요. 죽을 쑬 때 집 안에
가득 번지는 훈김은 기분마저 들썩거리게 해 이미 절반은 배가 부릅니다.
작달막한 무로 담근 동치미는 팥죽과 천생연분이죠. 옛 분들은 나박김치를 곁들
였대요. 동치미든 나박김치든 여하간 팥죽에 어울리는 곁들임 반찬이에요. 뜨
끈뜨끈한 팥죽 한 그릇에 언 몸이 녹고 굳은 마음이 녹습니다. 죽을 쑤면 한 그릇
만 달랑 끓여지지 않지요. 이웃들과 나누는 구실이 됩니다. 한 국자 단정하게 담
아 뚜껑을 덮고 배달을 다녀와야겠어요.

기본 재료 팥 1kg, 찹쌀가루 400g, 뜨거운 물 4큰술, 덧찹쌀가루 200g, 소금 약간, 물 2 l

만드는 법
1 팥은 찬물에 한 시간 담근 후 깨끗이 씻어 냄비에 자작하게 물을 붓고
   포르르 끓으면 윗물을 따라내고 다시 찬물을 부어 팥이 무르도록 삶는다.
2 찹쌀가루에 뜨거운 물을 넣고 치댄 후 새알만 한 크기로 떼어내서
   양손바닥으로 비벼 동그랗게 빚는다.
3 ①의 한김 나간 팥을 체에 밭쳐 비벼서 거른다.
4 거른 팥물이 끓기 시작하면 새알심을 넣고 주걱으로 바닥이 눌어붙지
   않게 젓는다.
5 새알심이 동동 떠오르면 찹쌀가루를 넣어 걸쭉하게 농도를 내고 불을 줄여
   한소끔 더 끓인 다음 소금으로 간을 맞춘다.
6 그릇에 죽을 담고 동치미와 함께 낸다. 기호에 따라 설탕을 곁들인다.

모두 당당한 돼지감자를 섞은
시금치샐러드

시금치 씨를 처음 뿌렸어요. 발아가 신통치 않은 데다가 새들이 어린 싹을 쪼아 먹어서 내 몫이 아니구나 여기고는 그냥 내버려두었지요. 루콜라를 따기 위해 들렀더니 차고도 묵직한 초록빛이 시금치 태를 갖추었지 뭐예요. 한 접시 분량의 시금치를 뽑았습니다. 그 당당함이 뿌리부터 이파리까지 고스란히 묻어나서 어찌나 반갑던지요. 내처 돼지감자도 몇 알 캤습니다. 유럽에선 전쟁 때 비상식량이었다는데 그래서인지 나이 든 이들이 싫어하는 채소라네요. 왜 있잖아요. 우리도 기근에 시달릴 때 먹던 보리밥이라든지 시래기 등을 어른들은 별로 쳐주지 않는 것처럼요. 생으로 씹으면 끈적임 없는 마와 우엉 맛이 난답니다.

기본 재료　시금치 100g, 돼지감자 60g, 곶감 1개
드레싱 재료　깨소금 · 올리브오일 2큰술씩, 간장 · 설탕 · 식초 1큰술씩

만드는 법　1 시금치는 다듬어서 깨끗이 씻어 물기를 없앤다.
　　　　　　2 돼지감자는 흙이 남지 않도록 씻어 껍질째 얇게 썬다.
　　　　　　3 곶감은 채 썰고 분량의 드레싱을 만든다.
　　　　　　4 접시에 시금치와 돼지감자, 곶감을 보기 좋게 담고
　　　　　　　드레싱을 뿌린다.

배춧잎쌈 숭채만두

김장을 끝내고 남겨둔 통배추와 무는 겨우내 마땅찮은 밥상에 구원
투수가 되어줍니다. 배춧잎이 만두피가 되는 숭채만두를 쪄보았어
요. 숭채는 배추의 다른 이름이에요. 생소하면서 예스러움이 묻어나
지 않는가요. 쪄 먹고 남은 만두를 준비되는 채소들과 두런두런 돌
려 담아 들깨가루를 푼 육수에 끓이면 또 하나의 일품요리가 탄생합
니다.

기본 재료 배춧잎 12장, 닭 안심 300g, 부추 30g, 청양고추 1개,
다진 마늘 · 간장 1큰술씩, 다진 생강 ½작은술, 참기름 1작은술,
소금 · 후춧가루 약간씩

양념장 재료 간장 · 레몬즙 1큰술씩

만드는 법 1 배추의 두꺼운 부분은 잘라내고 배춧잎은 소금을 넣은
끓는 물에 데쳐 찬물에 헹군 다음 물기를 짠다.
2 닭 안심과 부추, 청양고추, 마늘, 생강을 모두 다져 볼에
담고 간장과 참기름, 소금, 후춧가루로 간하여 5분간 치댄다.
3 데친 배춧잎에 반죽을 크게 한 숟가락 올리고 잎의 좌우를
접은 뒤 돌돌 말아준다.
4 김이 오른 찜기에 배추쌈을 올리고 10분간 찐다.
5 양념장을 만들어 곁들인다.

달콤한 중독 무 배추전

입이 궁금한 날엔 배추 잎과 무로 전을 부쳐도 별미예요. 배추와 무로 부친 전이라면 싱겁고 데면데면할 것 같잖아요. 의외로 달콤하고 아삭해서 입맛을 끌어당긴답니다. 부침 밀가루를 얇게 입히는 것이 비결이에요. 입에 대면 자꾸 손이 가는 부작용을 주의해야 해요. 배추와 무를 한 접시에 담아서 짜장면을 먹을까 짬뽕을 먹을까 하는 것처럼 분분한 고민도 해결이 되었네요.

기본 재료 무 ½개, 배춧잎 6장, 부침가루 3큰술, 물 2컵, 덧밀가루 약간, 들기름 · 식용유 적당량씩

만드는 법 **1** 무는 1cm 두께로 썰어 끓는 물에 데친다.
2 배춧잎의 두꺼운 부분은 칼등으로 탁탁 쳐서 부드럽게 한다.
3 볼에 부침가루와 물을 넣어 부침 반죽을 만들고 손질한 무와 배춧잎에 덧밀가루를 묻혀서 반죽을 얇게 적신다.
4 달구어진 팬에 들기름과 식용유를 반반씩 두르고 무와 배추를 얹어 노릇하게 굽는다.

누구든 환호하는 닭 날개 강정

크리스마스나 연말이면 제 모친은 폐계닭 찜을 해주셨어요. 폐계닭
은 어감에서도 짐작되듯이 알을 낳는 속도가 떨어진 암탉을 의미하
는데요. 육질이 질긴 점이 특징이어서 오래도록 익혀야 해요. 시간
을 들인 조리과정이 일반 닭고기와는 다른 쫄깃한 씹는 맛을 낳고,
고기를 그다지 많이 못 먹어내는 제 입맛에도 썩 맞았었죠. 예전에
도 흔하지 않았지만 지금은 구하기도 어려워서 닭 날개로 그때 기분
을 내봅니다. 전분을 입혀 튀긴 다음 꿀과 간장에 버무리기만 하면
되는 초간단 강정인데 성별과 나이를 가리지 않고 즐기시더라고요.
뜨거우면 뜨거운 대로, 식으면 식은 대로 다른 맛도 별미고요.

기본 재료　　닭 날개 20개, 감자전분 1큰술, 호두 10g, 쪽파 3줄기,
　　　　　　　　꿀 2큰술, 간장 1½큰술, 소금 · 후춧가루 약간씩
　　　　　　　　튀김기름 적당량

만드는 법　　1 씻은 닭 날개에 소금과 후춧가루를 뿌려 밑간하여
　　　　　　　　　잠시 재둔다.
　　　　　　　　2 호두는 마른 팬에 볶아 다져두고 쪽파는 송송 썬다.
　　　　　　　　3 주방용 비닐봉투에 감자전분을 담고 밑간한 닭 날개를 넣어
　　　　　　　　　골고루 묻도록 흔든다.
　　　　　　　　4 여분의 가루는 털어내고 튀김 팬에 기름을 1cm 깊이로
　　　　　　　　　부은 다음 닭 날개를 돌려 담는다.
　　　　　　　　5 불을 켜고 강불에서 노릇하게 튀긴다.
　　　　　　　　6 다른 웍에 꿀과 간장을 넣고 바글바글 끓으면 튀긴 닭 날개를
　　　　　　　　　넣어 버무리고 접시에 가지런히 담은 뒤 호두와 쪽파를 뿌린다.

달큰한 정을 나눠요
늙은 호박 퓌레

노랗다 못해 붉게 익은 늙은 호박 한 덩이를 잡았습니다. 껍질을 벗기는 수고와 감당이 벅차도록 한 아름 거리나 되는 호박의 속살을 보니 잡는다는 표현이 와 닿지 뭐예요. 늙은 호박은 크기에서 가늠되듯 한꺼번에 다 먹어내기란 어려워요. 궁리 끝에 호박 퓌레를 끓였습니다. 무르게 익힌 호박에서 단내가 퐁퐁 나네요. 거칠게 으깬 호박에 레몬즙만 짜주면 끝인 초간단 퓌레예요. 유리병에 담아 켜켜이 쌓아 올리니 테이블 위의 센터피스를 대신합니다. 팥죽 회동에 놀러 온 친구들의 돌아가는 손에 한 병씩 들려주려는 계획이에요. 누구는 수프를 끓이거나 누구는 빵 위에 얹어 먹거나 누구는 파스타를 버무리는 등 또 다른 이야기가 피어나겠지요.

기본 재료   늙은 호박 1개, 레몬즙 6큰술, 소금 약간, 유리병 적당량

만드는 법   1 늙은 호박은 껍질을 벗기고 깍둑 썰어 바닥이 두꺼운 냄비에 담아 끓인다.
2 퓌레를 담을 유리병은 찬물에 담고 팔팔 끓인 다음 식힌다.
3 호박이 무르도록 익으면 주걱으로 으깨고 서로 엉길 즈음 레몬즙과 소금을 넣고 한소끔 더 끓인 뒤 유리병에 담는다.

순박한 시골 처녀 당근 케이크

당근케이크는 재료도 간단하고 만드는 과정이 수월하여 여타의 케이크에 비해 호들갑스럽지 않은 모양과 맛이 납니다. 벚나무 잔가지를 몇 개 꽂고 가루설탕을 솔솔 뿌려 주었더니 금세 계절감이 표현되는군요. 빛 곱게 우러난 홍차를 곁들여서 가는 해, 오는 해에 대한 덕담을 나누어도 좋겠지요.

기본 재료 당근 200g, 호두 50g, 중력분 150g, 달걀 2개,
소금 · 계핏가루 · 베이킹파우더 1작은술씩, 황설탕 ·
홍화씨유 120g씩, 틀에 바를 버터 · 슈거파우더 약간씩

만드는 법
1 당근은 채 썰고 호두는 마른 팬에 구운 다음 굵게 다진다.
2 중력분, 소금, 계핏가루, 베이킹파우더는 체에 내린다.
3 볼에 달걀을 풀고 설탕을 넣은 다음 설탕이 녹을 때까지 섞는다.
4 ③에 홍화씨유를 3~4번에 나눠 섞은 후 ②를 살살 섞다가
   당근과 호두를 마저 섞는다.
5 버터를 바른 틀에 반죽을 담고 180℃로 예열한
   오븐에 20~25분간 굽는다.
6 케이크가 식으면 슈거파우더를 뿌린다.

epilogue

계절소풍을
—
마치며

이 책은 철 잊기 쉽고 철 잊고 사는 요즘에 제철의 흐
름을 읽는 이야기예요. 한겨울에 먹는 딸기를 당연하
게 여기는 추세인데 오뉴월에 열린 딸기의 싱그럽고
건강한 맛에 오감을 열고, 옥잠화 꽃이 피어나는 때를
알아 그 철 안에서 나는 것들을 거두고 먹고 누리고
나누고 더러 철부지처럼 동화되는 내용입니다.

서문에 밝힌 것처럼 이 책은 친절한 과정 사진을 담아
낸 요리책은 아니에요. 제철에 나는 푸성귀와 직접 기
른 채소로 만든 음식이라는 이유만으로도 이미 각별
하고 힘이 나는 음식임은 분명해요. 마음을 열고 귀를
모으면 보이고 읽히는 요리이며, 순서를 지켜 변하는
사계절을 만끽하면서 소소한 기쁨을 발견하는 이야
기입니다.

시골이 무조건적인 낭만을 보장할 것이라고 믿는 것은 위험한 기대예요. 가꾸고 매만지며 손톱 밑에 흙이 끼는 것을 기꺼이 받아들일 때 달콤한 보상이 따릅니다. '행복은 행복해서 행복한 것이 아니라 불행을 받아들일 때 행복해진다'는 벽안의 철학자가 한 말에 공감해요. 어제나 오늘이나 별 뾰족한 방법도 없고 사는 일이 지루하고 일상에 지치지만, 그렇기에 사소한 것으로부터 즐거움을 찾는 노력이 필요해요. 계절이야 작년에도 올해도 어김없어요. 그러나 손가락 사이로 모래알 흘리듯 보내버리면 하릴없이 세월이 가버리고 말아요. 시간은 멈추거나 기다려주지 않잖아요. 늘 옳은 자연을 도외시하는 건 저 또한 같은 자연의 일부로서 직무유기를 하는 것만 같고요. 단, 풍류에 가담할 때에는 한 줌의 철없음이 가미되어야 맛이 배가되더군요. 계절이 오고 계절이 다녀가는 흐름에 관심과 애정을 가지고 대하면 무심히 지나친 젊음을 되돌릴 수는 없어도 발아래 행복을 놓치지는 않게 될 거예요. 오늘이 가장 젊은 날인 까닭이지요.

지은이 **양은숙**

___

중학 시절부터 용돈이 생기면 학교 앞 분식집에서 탕진하는 대신 예쁜 그릇을 사던 소녀는 자라서 남을 위해 밥상을 차리는 사람이 되었다.
요리 전문 잡지 〈쿠켄〉에서 푸드스타일링을 시작해 17년간 〈행복이 가득한 집〉을 비롯한 각종 잡지 및 사보의 화보, 광고, 대형 전시의
푸드스타일링을 맡았다.
지인의 소개로 경기도 광주 방등골로 작업실을 옮기면서 흙과 자연, 사람이 어우러진 일상의 축제를 글과 사진으로 풀어내기 시작했고
이를 첫 번째 책 〈들살림 월령가〉에 담았다.
2015년 봄부터 방등골의 사계절이 담긴 감성 밥상을 〈여성조선〉에 연재했다. 자연이 주는 건강한 시절 재료로 차린 밥상, 들에 피는
수수한 꽃이 있는 아름다운 일상, 자연을 오롯이 즐기는 그 계절의 소풍은 독자들의 마음을 움직이며 큰 인기를 얻었다.
푸드스타일링에서 라이프스타일링 제안으로 영역을 넓혀온 저자는 스타일링이란 단순히 음식을 예쁘게 보이도록 하는 것이 아니라,
일상에 대한 우리의 인식을 바꾸는 일임을 알려준다.

___

라이프스타일러 양은숙의 흥미진진 열두 달

계 절 소 풍

1판1쇄 인쇄 2016년 5월 30일

지은이	양은숙
발행인	김창기
편집인	이창희
편집데스크	김보선
기획 · 편집	강부연
제작관리	박재석(부장), 정승헌
판매	방경록(부장), 최종현, 박경민

교정 · 교열	문보람
사진	이종수(이종수 스튜디오 leejongsu2001@gmail.com)
디자인	김정웅

발행	㈜조선뉴스프레스
등록	2001년 1월 9일 제301-2001-037호
주소	서울특별시 마포구 상암산로 34 디지털큐브빌딩 13층
편집문의	02-724-6712
구입문의	02-724-6796, 6797

ISBN	979-11-5578-417-4-13590
값	15,800원